Roy Amato

#stuzzicamenti...
xké?
v.1.2 IT

#stuzzicamenti…

xké?

v.1.2 IT

Finito di scrivere nel mese di marzo 2020.

Tutte le immagini, anche quelle di copertina, sono state realizzate dall'autore.

Prima stampa: 2020

ISBN 978-0-244-57561-8

Dedico questo testo a mia moglie, a mio figlio, a tutti i miei parenti e imparentati (anche a quelli defunti), ai miei amici più cari, e a tutti coloro che non solo fanno parte (almeno nel mio cuore e nei miei pensieri) della mia esistenza ma sono la mia vita, la mia essenza e la mia ragione di esistere.

SIGNIFICATO DELLE FOTO DI COPERTINA

FRONTE: in uno scenario ancora meraviglioso di una fresca alba estiva, contaminato in maniera diffusa e ramificata da un nemico tanto invisibile quanto perfido e spesso letale, è diventato sbiadito il ricordo di una passeggiata a piedi nudi nel mare in secca, al di sopra del quale, nel cielo, resta a guardare una dea ormai non più bendata e dove sosta immobile e silenzioso pure un disco volante di esseri dei quali ignoriamo la ragione della loro presenza. Osservano curiosi e incuranti?

La prima versione eBook era già stata pubblicata… e censurata dopo tre giorni! Perché? Chi lo ha deciso? Chi lo ha imposto? Contiene informazioni "scomode" per qualcuno?

RETRO: su un compatto fondo di pace, espresso in tutte le maniere concepibili dall'umana mente, prevalgono le quattro regole d'oro, fondamentali per una sabia esistenza: risparmio, riuso, riciclo e rispetto.

PREFAZIONE

Questo è un libro che "casca a fagiolo" in questo delicato periodo, interessante soprattutto per i giovani affascinati dagli argomenti scientifici, fantascientifici, di attualità o sempre attuali, letto anche dai più maturi. Il suo contenuto istiga e induce a ragionare innanzitutto, lasciando trapelare di tanto in tanto dell'ironia che alla fine del libro, con un dialogo tra due persone, trova libero sfogo.

Tratta vari argomenti: coronavirus, dispositivi antiabbandono, Marte, Antartide, UFO, USO, alieni, buchi neri, universo, anima, reincarnazione, OGM, api, BLS, UV e molti altri.

Scritto con la speranza di indurre l'umanità a maturare, a non farsi manipolare, a pensare di più, a non subire passivamente, a non essere autolesivi, a dar valore a ciò che ne ha e comprendere e distinguere ciò che non ne ha, e pure che c'è qualcuno che vuol far credere il contrario per curare i propri egoistici interessi economici, di potere, di fama e di successo (su cesso direi, perché fan cagate, più che altro, pure molto grosse). Desta curiosità su numerosi argomenti in modo da spronare e abituare, soprattutto i più giovani, ad approfondire, a informarsi, a ragionare e a percorrere un cammino di crescita culturale, intellettiva e spirituale, nonché di miglioramento delle proprie abitudini, dei principi e dei valori etici, morali e sociali.

VIRUS E CORONAVIRUS

Al di là delle nozioni scientifiche approfondite ed esaurienti sui virus che potete trovare soprattutto altrove, cosa comporta una epidemia, una pandemia o una endemia da virus letale? Sicuramente molti se non tantissimi (comunque troppi) decessi ma anche tutta un'immensa serie di altri effetti non tutti negativi. Tra le tante conseguenze, l'economia e i mercati vanno al collasso (tranne alcuni che, al contrario, decollano), falliscono un gran numero di società, imprese, ditte, esercizi commerciali, ecc.. Per tanti comporterebbe la perdita del lavoro ma anche perdita di forza lavoro per la società a causa dei numerosi decessi. Paralisi quasi totale delle esportazioni e delle importazioni, precipitano le borse (e chi so' ste matte che gettano le borse dagli aerei?! Saranno almeno vuote?! :-D), chiusura di scuole e Università (per la felicità degli studenti "studiosi"), sovraffollamento di tutte le strutture mediche e ospedaliere (tranne i "pronto soccorso" per evitare rallentamenti dovuti a disinfezioni continue. Stavolta sono serio) che comunque non riuscirebbero a sopperire il fabbisogno (perciò tanti resterebbero a casa a curarsi come possono), "assalto" ai supermercati (a mano "armata" di denaro o, meglio ancora, di carta di credito/debito che riduce la possibilità di contagio), alle alimentarie, ai panifici, ecc. che verrebbero svuotati "in men che non si dica" per fare la scorta di cibo, bevande e di tutti gli altri beni di prima necessità (o ritenuti tali), gente in quarantena domiciliare (tipo "arresti domiciliari") giudiziosamente decisa spontaneamente o richiesta dalle autorità e, purtroppo, non sempre rispettata (attitudine da autentici incoscienti che forse preferiscono essere chiusi successivamente in carcere, in una bara o in una cella... frigorifera!). Molto probabilmente anche sciacallaggio e rivolte. La gente diventerebbe diffidente e asociale, si chiuderebbe nelle proprie abitazioni, eviterebbe le visite di parenti e amici, sarebbero costretti alla convivenza ininterrotta con chi avrebbe necessità di condividere gli stessi ambienti, sorgerebbero discussioni e litigi. Apparentemente sembrerebbe una catastrofe ma se vediamo i fatti da un altro punto di vista potrebbe essere tutto "voluto" e "attuato" da Gaia (ossia il nostro pianeta vivente: la Terra) per liberarsi del suo "cancro" (noi) e per ridimensionare i danni causati dall'umanità. Riducendo il numero di umani (a volte disumani) soffrono meno tutte le altre specie viventi e vegetanti, diminuisce sensibilmente il rischio di estinzione di tanti animali, insetti, piante, ecc.; minor surriscaldamento globale se non inversione di tendenza, minor inquinamento, aumento delle api (e riduzione d'imbecilli in giro che le uccidono per niente), circolo di mezzi inquinanti quasi nullo con minor inquinamento atmosferico e acustico, minor emissione di fumi, liquidi, residui e scorie inquinanti da parte delle industrie; riduzione del buco nell'ozonosfera, potrebbero ringrandirsi le estensioni di ghiaccio e neve ai poli, miglioramento del clima con un ridimensionamento dei suoi effetti (diventati sempre più frequentemente catastrofici) e, sull'aspetto sociale, non di secondaria importanza, si darebbe più valore alla propria e all'altrui esistenza, ai rapporti interpersonali, ai familiari, ai parenti, agli amici, al tempo libero, alle libertà di movimento, all'interazione dal vivo col prossimo, alla pratica delle attività all'aria aperta come passeggiate a piedi o su ruote (bici, pattini, monopattino, skateboard, ecc.), allo sport, agli hobby, alle strette di mano, agli abbracci, ai baci e chissà quanto altro di positivo accadrebbe.

Gaia continuerebbe in ogni caso a vivere, con o senza noi, però l'istinto di sopravvivenza lo abbiamo anche noi persone e sicuramente, in un modo o in un altro, troveremo sempre il modo per risolvere tutti i problemi compresi quelli causati dai virus (naturali o artificiali che siano). Chissà se non sia motivo e opportunità di maturazione (nostra), di rinnovamento e miglioramento (del mondo), di "rinascita" e ricostituzione. Con l'ultimo coronavirus (categoria di virus caratterizzati da una forma che ricorda la corona perché provvisti, su tutta la loro superfice, di punte, le proteine "spikes", che servono per agganciarsi ai recettori delle cellule bersaglio) sono state azzardate diverse ipotesi complottiste: virus creato in laboratorio per puro business, vendendone in seguito il vaccino; virus diffuso in Cina per decimarne l'enorme popolazione; virus creato e diffuso per "inginocchiare" economicamente la Cina (forse divenuta troppo potente e scomoda) e gli altri Paesi asiatici, le attuali superpotenze economiche mondiali; progetto del "nuovo ordine mondiale" o degli "illuminati" per forzare la "selezione naturale" (innaturale direi) eliminando gli anziani, i malati, i debilitati e i più deboli di salute a vantaggio dell'economia e della salute di Gaia. Hanno volutamente e spietatamente "tirato il freno a mano"? Potrebbe anche più semplicemente essere stato un incidente di laboratorio nel corso di studi e di esperimenti, forse genetici, su qualche coronavirus. Perché mai li manipolerebbero? Il virus 2019-nCoV era inizialmente diffuso solo tra i pipistrelli (diversamente da tutte le altre ipotesi reperibili dalle più svariate fonti disponibili in giro) e non era adatto ad infettare gli umani, in seguito ad una mutazione genetica è diventato adatto per infettare gli umani e ha fatto uno "spillover" (il salto di specie da pipistrello a umano). Mutazione casuale, forzata in laboratorio o selezionata dagli stessi virus dettata da nuove esigenze tipo la diminuzione di pipistrelli da infettare? Chi lo sa!? Possibile che esistano persone tanto pazze? Un virus altamente contagioso e spesso letale potrebbe diventare ingestibile anche possedendo il vaccino. Di quanti miliardi di vaccini avremmo bisogno? Il "progetto" sarebbe quello di dimezzarci di numero? Oppure da otto dovremo forse ridurci a circa cinque miliardi di persone? Dunque sarebbero necessari altrettanti miliardi di vaccini. Si farebbe in tempo a produrli e somministrarli a tutti? Forse neppure è previsto dall'ipotetico diabolico progetto somministrare i vaccini? Dalle statistiche evidenziate inizialmente dai ricercatori risultava una percentuale di decessi decisamente bassa, del 2,2% (circa) dei contagiati ("pochi" per essere una strategia per ridurci di numero; una influenza stagionale ne fa il 5% circa mentre la Sars ne faceva il 10%), soprattutto anziani e persone con qualche patologia debilitante. Davvero? Credo che l'abbiano calcolata troppo presto, quando i contagiati guarivano soprattutto e quelli destinati a non farcela ancora non erano deceduti.

Potrebbe pure essere stata fuorviata, mal interpretata o mal riportata l'informazione. Forse quella percentuale si riferiva ai contagiati in una situazione iniziale prematura. Come si può effettuare una statistica corretta prima che sia tutto finito? Era solo una stima azzardata, forse un'ipotetica probabilità espressa in percentuale. Considerando come campione la somma degli individui deceduti con quelli guariti (valori dell'undici marzo 2020; uhmm! l'undici torna di "moda", pura casualità, almeno stavolta) e valutando la percentuale dei decessi, notiamo piuttosto che equivalgono grossomodo al 44%, dunque affermerei che quasi la metà della popolazione contagiata muore. Attenzione che non ho considerato quelli contagiati perché una parte guarisce e l'altra parte muore mantenendo presumibilmente la stessa proporzione. Il progetto prevederebbe lo sfoltimento degli anziani, dei malati e dei "deboli" di salute, in modo da sbarazzarsi dei "pesi" per la società e per l'economia mondiale? Di ridurre la popolazione per fare meno disastri ecologici? La percentuale dei contagiati su tutto il pianeta è contenuta e dunque ancor più quella dei decessi, dunque il virus, per "fortuna" o grazie a Dio, non ridurrà tanto la popolazione. Da quel punto di vista sarebbe un progetto fallimentare. Sarà un'altra la vera missione? Ricordo che chi ha contratto inizialmente l'ultima specie di coronavirus (il 2019-nCoV), chi lo ha scoperto (vedi "Li Wenliang", oftamologo di 34 anni, di Wuhan in Cina) e chi, tra i primissimi, ha provato a studiarlo, sono deceduti. Escluderei che erano coinvolti con tale assurdo progetto. Hanno provato a vaccinarsi ma era ormai già troppo tardi, oppure il vaccino non funziona? Sono tutte ipotesi completamente infondate (o almeno lo auspico vivamente). L'uomo ha ancora tutti i difetti del mondo ma non credo proprio che sia così diabolico, mentre, a volte, si dice che "la donna ne sa una più del diavolo", appunto, ne sa (o ne saprebbe), certamente **non** ne fa (sono convinto)! Il virus denominato inizialmente 2019-nCoV (e in alcuni altri modi dai vari gruppi di ricerca) e rinominato unanimemente COVID-19, non è il primo e non sarà l'ultimo virus pericoloso, bisogna essere più preparati (pronti) e tempestivi per estinguere i focolai, dunque arginare e debellare certe malattie virali potenzialmente letali. Mentre in Cina hanno saputo affrontare, gestire e contenere la pandemia in maniera esemplare, pur avendo un ceppo del coronavirus più aggressivo rispetto al ceppo europeo, in Italia sono stati fatti innumerevoli errori, tipo mettere gli infettati in "quarantena" non vigilata (pseudo-quarantena direi; rinominata successivamente e appropriatamente: "isolamento domiciliare"; aggiungerei facoltativo e non tassativo), cioè solo sulla carta (firmata) e non attuata e controllata concretamente, e così "permesso" lo spostamento, non solo nell'ambito nazionale ma pure da e per l'estero, di chiunque potesse essere potenzialmente infetto, proprio perché eravamo tutti impreparati per affrontare e gestire una situazione del genere. Forse abbiamo sottovalutato la pericolosità del virus? Abbiamo peccato di presunzione? Ci siamo comportati in maniera troppo superficiale? Siamo degli incoscienti o degli irresponsabili? Con ritardo abbiamo iniziato a fare tanta campagna pubblicitaria di prevenzione ma la soluzione migliore per l'umanità sarebbe sviluppare (naturalmente o grazie al vaccino) le difese immunitarie. Faremmo un salto di qualità riguardo il nostro patrimonio di anticorpi. Non dimentichiamo che tantissimo tempo fa bevevamo acqua sporca e mangiavamo cibo crudo senza ammalarci tanto facilmente. Avevamo un sistema immunitario di gran lunga più efficiente, potente ed efficace dell'attuale. Con la "civilizzazione" ci siamo infragiliti e indeboliti pure fisicamente (siamo generalmente meno forti e meno agili; atleti e sportivi a parte). La medicina ha da un lato contribuito ad allungare la durata media della vita e dall'altro ci ha resi dipendenti da essa. Se mancassero i medici e i farmaci moriremmo certamente molto più facilmente degli uomini primitivi. Tutti coloro che sono guariti dopo aver contratto il coronavirus sono individui geneticamente più idonei per garantire la sopravvivenza della nostra specie. L'evoluzione di tutti gli esseri viventi si è sempre basata su questo procedimento, i più deboli hanno lasciato il campo (loro malgrado) agli esseri più forti. Evitare la propagazione di un virus che è letale solo per alcuni significa impedire la selezione naturale e indebolire ulteriormente la nostra specie. So benissimo che a nessuno fa piacere morire, perdere un familiare o una persona cara ma non possiamo neppure opporci ai processi naturali di selezione (se di questo si tratta; tutt'altro ragionamento merita la selezione forzata o pianificata). Invece se il 2019-nCoV fosse stato adattato geneticamente in laboratorio per sterminare volutamente da parte dei mandanti (o del mandante) una gran parte della popolazione (umana) mondiale, non sarebbe più selezione naturale ma un parziale genocidio dell'umanità che non dovrebbe passare impunito. Scopriremo mai la verità? C'è qualche aspetto di tutta questa faccenda che mi lascia perplesso: i pipistrelli e gli umani normalmente hanno poco a che fare gli uni con gli altri (soprattutto geneticamente, avendo i DNA abbastanza differenti), esistono innumerevoli altri esseri viventi che in qualche modo sono più a contatto con i pipistrelli o sono più prossimi a loro geneticamente e dunque potevano con maggior probabilità contrarre il coronavirus adattato proprio per loro però è accaduto qualcosa di molto meno probabile ovvero il virus si è adattato per infettare e contagiare gli umani. Inoltre perché dei tratti di RNA dell'HIV sono nel COVID-19? Come mai il ceppo del virus 2019-nCoV asiatico non esiste in Europa e quello europeo non esiste in Asia? Quando, dove e perché il coronavirus si è trasformato? In Cina hanno debellato il virus in circa quattro mesi e in Giappone ci sono riusciti in ancor meno tempo grazie a un farmaco antinfluenzale, l'Avigan (o Favipiravir e **non** Aviga**m**! Il farmaco prodotto da Fujifilm Toyama Chemical Co Ltd, a Tokyo), che possiedono da tempo (dal 2012), efficace pure per trattare e curare le infezioni da coronavirus (vi ricordo che è una categoria di virus con svariati ceppi che probabilmente esistono da millenni). Perché non viene adoperato in Europa e, in particolar modo, in Italia? Ho avuto l'impressione che quando una dottoressa cinese voleva parlare in TV, sia stata interrotta proprio sul più bello. Non l'hanno lasciata parlare, perché? Forse il meglio è stato tagliato in fase di montaggio? In Italia qualcuno ha dichiarato che l'efficacia di tale farmaco non ha prove scientifiche.

Questa fa "ridere"! I giapponesi tornati a vivere tutti normalmente, come se nulla fosse accaduto, senza continuare a prendere alcun tipo di precauzione (mascherine, distanze interpersonali, isolamento domiciliare, ecc.) non sono una valida prova scientifica? Qual' è la definizione di "prova scientifica"? I risultati su un campione di riferimento, comprendente tutta la popolazione del Giappone, non basta per essere un prova scientifica? In realtà si tratta di questioni politico/economiche? Altra cosa che mi fa pensare è che un medico (Li Wenliang) cioè una persona accreditata (anche se Oculista e non Virologo o Epidemiologo) non sia stato preso sul serio quando ha scoperto l'infezione (che aveva diagnosticato in una sua paziente e pure egli stesso aveva contratto) e ha tentato di allertare il governo cinese. Forse c'era chi doveva tener nascosta l'epidemia in atto? Perché? Sembra che il COVID-19 esistesse già negli USA prima di diffondersi in Cina. Si sospetta che siano stati i militari americani a contagiare i cinesi in occasione dei Military World Games (giochi mondiali militari) svoltisi a Wuhan (in Cina) tra il 18 e il 27 ottobre 2019, però in quella occasione c'erano persone provenienti da tutto il mondo. Quanto resta in incubazione il COVID-19? Quando ci sono stati i primi casi in Cina? Strana coincidenza! Conducevano degli esperimenti genetici e di possibilità di contagio sugli umani sin dal 2015 a Wuhan e, dicono, pure in altri laboratori, in varie parti del nostro pianeta, da scienziati di tutte le nazionalità. Sono trascorsi quattro anni, dai primi esperimenti, al contagio. Qualcuno nel frattempo potrebbe essere riuscito in laboratorio a rendere il 2019-nCoV contagioso per gli umani? Dicono che il COVID-19 non presenta spezzoni di RNA "estranei" tipici dei virus geneticamente modificati. Hanno detto pure che presenta caratteri dell'HIV, geni impiantati da qualche professionista ben preparato, mediante tecniche di laboratorio altamente specializzate (un lavoro di assoluta precisione perché non evidenzia grandi spezzoni di RNA dell'HIV ma piccolissime porzioni sapientemente inserite). Luc Montagnier, premio Nobel francese che scoprì l'HIV, ha rilasciato delle dichiarazioni significative e importanti che potete trovare in rete (finché non le censurino). A tal riguardo mi chiedo: perché la pubblicazione del lavoro di un gruppo di ricercatori indiano è stata annullata? Sembra che, come vari altri gruppi di ricerca in tutto il mondo, hanno scoperto la presenza di tracce di RNA dell'HIV nel 2019-nCoV e lo volevano rendere noto ma hanno eliminato la loro pubblicazione e li hanno obbligati a ritrattare. Qual è la verità? Affinando la tecnica o iterando il processo di contagio (da una cellula a un'altra) potrebbe essere stato forzatamente indotto l'adattamento del coronavirus per uno spillover? Qualcosa è successo, ma come? Chi poteva essere interessato a fare una cosa del genere e perché? Avrebbero "unto" Wuhan per far ricadere la responsabilità sui ricercatori cinesi? Per far apparire la pandemia COVID-19 come un incidente di laboratorio? Perché gli USA avrebbero finanziato una parte delle ricerche svolte nel laboratorio a Wuhan? Il tempo darà ragione o torto a qualcuno... se la pandemia è stata progettata, ci dovrebbe essere un'altra pandemia nel medio/breve termine considerando che l'attuale progetto sembra essere fallimentare: dà tutta l'impressione che non cambierà sostanzialmente il mondo, né quantitativamente né qualitativamente. Se è stata casuale, non ce ne sarà un'altra simile per molti secoli, anche perché, col prossimo virus altamente infettivo e potenzialmente letale, saremo pronti ad affrontare e gestire al meglio la situazione!

Se il contagio si propagasse su tutta la popolazione mondiale, effettivamente il numero di persone si ridurrebbe quasi alla metà (circa al 66%, stando alla percentuale calcolata personalmente l'11 marzo 2020 in Italia; percentuale che potrebbe essere molto approssimativa considerando che a tanti non è stato fatto il tampone e non tutti evidenziano sintomi significativi). L'Italia è tra le nazioni maggiormente colpite dall'infezione COVID-19, pur non essendo stata la prima ad avere dei casi di contagio in Europa e nel mondo. Perché? La Spagna ha addirittura superato l'Italia per numero di contagi (e di decessi) e rapidità di diffusione del contagio. Debellato il virus e riavviate le attività, l'offerta di lavoro aumenta poiché le tante persone "scomparse" lasciano vuoti i loro posti di lavoro a vantaggio dei disoccupati in cerca d'impiego? Non è anche la fine di tante industrie, commerci, ditte e Società? I disoccupati (e gli inoccupati) sono immortali? Vogliamo ragionare anche sui carcerati contagiati? Le statistiche interne al carcere corrispondono con quelle esterne? Com'è finito il virus in carcere (forse credevano di poterlo arrestare così)?

Un aspetto positivo, seppur semplice ma non di trascurabile importanza è l'aver appreso tutti a curare maggiormente l'igiene e la pulizia, abbiamo imparato a lavare le mani frequentemente e nella maniera corretta. Prima quanti lavavano le mani con la stessa frequenza e con lo stesso scrupolo? Quanti conoscevano le cinque fasi e i tempi giusti per lavarsi le mani? Quanti già lavavano le mani come hanno sempre fatto i chirurghi e tutto il personale medico e sanitario? Tanti non conoscevano neppure l'esistenza del disinfettante gel (che viene utilizzato soprattutto negli ospedali e si trova in commercio con diversi marchi e che erroneamente viene chiamato da tanti col nome di un unico determinato marchio per riferirsi ad esso). La paura di morire che normalmente viene solo quando è tardi, ci ha fatto capire tante cose che trascuravamo o che credevamo non interessassero noi o non ci coinvolgessero mai (la frase: "non accade a me"; la consideravamo inconsciamente tutte le volte, adesso penso che tutti abbiamo preso maggior coscienza che la nostra vita potrebbe terminare in qualsiasi momento e abbiamo "alzato la guardia"; ho pure sentito dire: "per morire basta essere vivi"; non tutti ne erano coscienti). Spero che non sia un effetto collaterale positivo temporaneo! La pericolosità del COVID-19 non risiede soprattutto sulla letalità (comunque ridotta rispetto ad altri virus storici) ma sulla sua alta contagiosità e dalla possibilità che continuando a diffondersi a tappeto potrebbe fare un'altra mutazione diventando molto più letale. Perciò è assolutamente indispensabile contenere il contagio e la diffusione non soltanto tra gli umani ma anche tra le altre specie. La quarantena dev'essere rispettata da chi è stato contagiato così come l'astensione dai contatti sociali (strette di mano, abbracci, baci e preferibilmente pure la condivisione degli ambienti) da chi è sano. Mantenere la distanza di un metro credo proprio che non sia sufficiente perché l'aria non è ferma. La mascherina non serve a molto, specialmente a chi è sano. A dimostrazione di ciò c'è la morte di un medico primario che certamente la utilizzava. Potrebbe aver contratto il virus non durante il suo lavoro in ospedale ma precedentemente e altrove? Non si sa! Conviene usare i guanti? Se non li disinfettiamo prima e dopo l'uso a cosa servono? Se utilizziamo o riutilizziamo guanti contaminati come va a finire? Se non li utilizziamo avremo cura di lavarci le mani puntualmente e nella maniera corretta? Forse è più saggio non utilizzarli così inquiniamo meno e curiamo maggiormente l'igiene. Se uno ha le mani infette e tocca un oggetto che poi tocchiamo e, prima di lavarci e disinfettarci le mani, ci strofiniamo un occhio, cosa succede? Se il vento porta delle goccioline infette (emesse starnutendo o tossendo da una persona contagiata che si trova ad alcuni metri di distanza) e ci finiscono negli occhi, cosa accade? Ci vorrebbe la maschera subacquea integrale col filtro sul tubo! La mascherina aiuta ma non basta, bisogna lavarsi e disinfettarsi spesso le mani e uscire solo se è indispensabile! Di fatto, tantissime persone continuano ad uscire, non perché assolutamente necessario (infatti vanno al bar, s'incontrano con gli amici, consumano un aperitivo, fanno colazione, pranzano o cenano fuori casa) ma perché evidentemente hanno cominciato a credere che siano tra quelli che se mai dovessero contrarre il virus guarirebbero "sicuramente". Comportamento irresponsabile al massimo! Ricordo che sono deceduti e continuano a morire persone di tutte le età a causa del coronavirus, anche se la probabilità aumenta con l'età, con la precarietà della salute, se si è fumatori o se si è uomini (forse perché respirando di diaframma e non di torace, come fanno le donne, i polmoni si riempiono meglio e vengono coinvolti e danneggiati maggiormente dall'infezione?). Comunque, diventando portatori "sani", diventano assassini e non se ne rendono conto. Non tengono alla salute e alla vita dei loro parenti e dei loro amici? Chiunque potrebbe morire, innanzitutto i loro genitori e i loro nonni. Forse qualcuno crede che se contrae il virus e sopravvive, ha risolto per sempre il problema? Chiamarlo soltanto egoista è quasi come fargli un complimento. Il termine assassino (o killer se preferite) sarebbe più appropriato! Nel caso qualcuno non se ne rendesse conto, si tratterebbe di epidemia colposa (che chiamerei strage colposa) talvolta aggravata e dovrebbe essere giudicata penalmente come tale. Se pensano di attuare la "strategia" (completamente folle) di diffondere il virus il prima possibile a tutti, in modo da raggiungere una conclusione nel minor tempo possibile, con una parte (non esigua) della popolazione sotto terra e gli altri vivi e divenuti immuni, si sbagliano di grosso, perché il coronavirus, trasferendosi da individuo a individuo un gran numero di volte, potrebbe modificarsi ancora una volta, diventando effettivamente letale per tutti, senza distinzione di età e stato di salute! Come al solito, se non si tocca il portafogli delle persone, non capiscono, dunque voglio evidenziare qualche aspetto economico: funerale dei loro parenti; spese delle proprietà dei loro parenti (deceduti); spese per le cure mediche dei loro parenti (sempre quelli defunti); spese mediche per curare se stessi; riduzione degli introiti (diminuendo ovviamente i clienti e i potenziali clienti); aumento delle tasse per estinguere o almeno ridurre i notevoli debiti e le spese decollate nel periodo dell'infezione; multe per aver trasgredito alle regole (Leggi); investimenti vanificati; conti in banca volatilizzati; riserve economiche prosciugate; chi stava sopravvivendo con la pensione del o dei genitori, resta senza; e chi più ne ha più ne metta... "Bravi" agli "intelligentissimi" "furbi"! "Complimenti"! Diamoci una regolata! Ragioniamo multidimensionalmente (definizione che troverete spiegata più avanti in questo libro, nel paragrafo sulla civilizzazione), non restiamo chiusi e limitati mentalmente e agiamo nella maniera più saggia e giusta possibile! Grazie!

Con la plasmaferesi (prelievo di sangue che viene iniettato nuovamente nel sistema cardiovascolare del donatore, dopo averlo privato del plasma) e successiva trasfusione del plasma comprendente pure gli anticorpi (le immunoglobuline, oltre alle proteine, ormoni e altro), da individui guariti o asintomatici (presumibilmente provvisti di anticorpi contro il coronavirus) a quelli ammalati da COVID-19, potrebbe essere efficace come cura? È certamente una strategia in più da tentare! Potrebbe effettivamente essere una soluzione ma presenta due difficoltà, il numero insufficiente di donazioni e... il "dio denaro" (come al solito)! Non sarebbe un buon business... perciò non è stata attuata su larga scala sin dal principio?

Da uno studio della Chongqing Medical University, pubblicato sulla rivista "Nature Medicine", arriva la conferma che chi guarisce dal COVID-19 (denominato da qualcuno SarsCov2) sviluppa gli anticorpi. Il 100% di un campione di 285 pazienti guariti, ha evidenziato la presenza degli anticorpi IgG, cioè quelli prodotti durante la prima infezione e che proteggono a lungo termine. Dunque il test sierologico, che si basa sulla presenza delle immunoglobuline di tipo G (IgG) può essere utile per identificare gli asintomatici. Tuttora non è dimostrato che gli anticorpi siano protettivi e neppure che non lo siano ma molti ricercatori credono nella possibilità di un vaccino passivo, cioè basato sulle immunoglobuline estratte dal plasma degli individui guariti.

Dal momento che il 2019-nCoV sembrerebbe realmente un prodotto di laboratorio, potremmo sbagliare a credere che potrebbe mutare in peggio. Il COVID-19 col tempo e la propagazione sta avendo delle delezioni (mutazioni del RNA) naturali e spontanee. A Seattle (città nello Stato di Washington), il coronavirus ha fortunatamente avuto qualche delezione di "troppo" (che ha modificato soprattutto i tratti di HIV nel suo RNA) e ha perso la capacità di contagiare l'uomo. Il 2019-nCoV in versione originale, quella generatasi naturalmente, torna a ritrovare la sua vera natura, ovvero quella di virus che non infetta l'uomo. È un po' come se un essere vivente si sbarazzasse di ciò che per natura non gli appartiene, che non si armonizza con tutto il resto e con gli equilibri raggiunti in milioni di anni di evoluzione di Gaia.

Hanno, tra i tanti provvedimenti adottati, pensato di realizzare un'app (software o applicazione ovvero programma informatico per cellulare) che servirebbe a tracciare gli spostamenti degli individui e le eventuali interazioni tra contagiati e "sani". Non capisco: il cellulare è diventato parte integrante del corpo umano? Da quando in qua? I malati che vogliono uscire, non potrebbero lasciarlo a casa (spegnerlo non basta)? A che servirebbe? Aaah! forse ho capito... è sempre colpa del "dio denaro"! Comunque, per gli ignari: i cellulari sono tracciabili anche quando sono "spenti"! Com'è possibile?! In realtà non sono mai spenti del tutto a meno che non si sia scaricata totalmente la batteria! Se fosse spento, quando sembra che lo sia, come farebbe la sveglia a squillare all'orario prestabilito? Vi siete mai chiesti perché non permettono più di poter estrarre la batteria? Certo che c'è anche un'altra ragione: obsolescenza programmata! La batteria si esaurisce in un tempo relativamente breve e costringe, il più delle volte, a sostituire il cellulare perché la batteria sostitutiva non viene più prodotta oppure la sua sostituzione costa, tra manodopera e ricambio, quasi quanto un cellulare nuovo (non di fascia alta).

TERREMOTO

Le scosse telluriche (dal latino Tellus, dea romana della Terra) o sismi, denominati più comunemente terremoti (dal latino: terrae motus, che significa "movimento della terra"), sono uno dei segnali che la Terra è viva e in continua trasformazione che potremmo considerare come l'avanzamento della sua età. Poco c'importa e, soprattutto a chi ne capisce maggiormente, fa anche piacere quando le scosse sono di magnitudo non superiore a 3.5 (specialmente se non durano più di una trentina di secondi), perché significa che la Terra sta trasformandosi senza crearci problemi (evitando di distruggere e uccidere). Non sto qui a scrivervi di tutto quello che si potrebbe dire sui terremoti, potrete attingere a tutte le informazioni che volete da altre fonti autorevoli ed esaurienti. Un libro soltanto, seppur ben spesso, non basterebbe a contenere tutto. Voglio portare all'attenzione dei lettori altri aspetti. Prevedere esattamente dove, quando e di che intensità ci saranno i terremoti è tuttora impossibile ma affrontando il problema statisticamente e analizzando le cause, i moti delle placche tettoniche, la linea delle varie, diversificate e ramificate faglie e tutti gli altri segnali, possiamo scoprire svariati, preziosi dettagli. In questo momento mi torna in mente un'interessantissima teoria di un ricercatore che conosco abbastanza bene, che stimo e ammiro molto: la "Teoria Sismica Mareale Gravitazionale Crostale" di Domenico Cinelli. Tale teoria offre uno strumento in più per valutare l'aumento o la diminuzione di probabilità, correlata alle varie aree geografiche, del verificarsi delle scosse telluriche nonché un'idea, almeno orientativa, dell'intensità dei terremoti. V'invito a leggere (e magari studiare) quanto reso disponibile da lui (e pure dagli altri). A parte tutti questi argomenti, mi chiedo perché in luoghi tipo la California il numero di abitanti, già elevatissimo (ammonta a molte decine di milioni di persone), continui ad aumentare pur sapendo tutti che ci sarà il "big one" (il terremoto più forte di tutti i tempi o quasi) che distruggerà tutto e ucciderà quasi la totalità dei residenti? Se fossi nato li sarei andato via prima possibile dato che, dalle statistiche, considerando la ricorrenza "periodica" dell'evento, è certo che avverrà, anche se non si può prevedere quando e potrebbe accadere in qualunque istante, anche adesso. Troppi interessi economici? Ci risiamo! Il responsabile di tutto è sempre il denaro! O siamo noi che proprio non sappiamo farne a meno? Col coronavirus abbiamo iniziato ad apprendere che ci sono i veri problemi e quelli che reputiamo "problemi" ma non lo sono effettivamente. Immaginate se al posto di dover restare a casa neppure ci fosse una casa dove poter stare? Restare a casa è un problema? Dove poter (o non poter) stare che problema sarebbe?

OGM

Gli OGM o Organismi Geneticamente Modificati, non riferito agli esseri umani ma a piante, micro-organismi o animali in cui parte del patrimonio genetico è stato modificato artificialmente con tecniche d'ingegneria genetica, tramite ibridazione e selezione o mutagenesi e selezione, oppure mediante manipolazioni del genoma e mirato inserimento di nuovi geni (transgeni) nel DNA. La modifica negli OGM avviene tramite la mutazione, l'inserzione o la cancellazione di alcuni geni. Quelli inseriti provengono solitamente da una specie diversa (transgenico). Avviene pure in natura, quando un segmento di DNA esogeno (potrebbe essere di un virus) penetra la cellula e raggiunge il suo nucleo. Artificialmente può essere realizzato in diversi modi: usando i virus; inserendo il DNA con una microscopica siringa; con un impulso elettrico (elettroporazione); sparando le particelle con una pistola genica. Altre tecniche sfruttano sistemi naturali come la capacità dell'Agrobacterium di trasferire materiale genetico alle piante o la capacità dei lentivirus di trasferire i geni alle cellule animali. Possiamo capire che i virus non sono sempre distruttivi, contribuiscono alla trasformazione, all'evoluzione e all'adattamento delle specie. Gli OGM hanno sia pregi e vantaggi che difetti e svantaggi. Quelli attualmente autorizzati (dalle Leggi europee) e commercializzati sono: mais, soia, colza e cotone. Modificati geneticamente per conferire loro caratteristiche che non hanno, tipo la tolleranza ad alcuni erbicidi o la resistenza a determinati insetti, parassiti, virus, funghi o batteri. Altre volte per far crescere e maturare i vegetali più rapidamente o in maniera diversamente distribuita e/o dilazionata nel tempo, o per renderli più saporiti e nutrienti, con più vitamine e minerali, con meno allergeni e tossine, con più amidi per assorbire meno i grassi durante la frittura, più dolci, con meno caffeina, ecc.. Mentre gli alimenti biologici, per legge, non possono contenere ingredienti OGM o derivati da essi (neppure nei mangimi per gli animali). Gli OGM d'altro canto tendono a compromettere la biodiversità (effetto estremamente grave, con conseguenze imprevedibili e probabilmente compromettenti per l'habitat e i suoi equilibri naturali raggiunti in milioni di anni di evoluzione) e la libertà di scelta sia da parte degli agricoltori che dei consumatori. Un enorme rischio è rappresentato dalla incontrollabilità dei principali fattori per la diffusione del polline: insetti e vento. Gli OGM sono brevettati e di proprietà di grandi aziende multinazionali che spesso commercializzano pure i prodotti chimici per l'agricoltura e dunque detengono il monopolio del mercato dei semi e quindi di cibo e rendono i produttori e i consumatori dipendenti dalle loro politiche. Gli OGM finora non hanno risolto il problema della fame nel mondo né diminuito l'impiego di antiparassitari in agricoltura. Perché utilizzarli? Sarà un'altra incosciente follia dell'umanità? Pagheremo anche questo errore? Pensateci, è sempre colpa del denaro, o nostra che non riusciamo (o, stupidamente, non vogliamo) toglierlo di mezzo? Nel periodo del coronavirus ne abbiamo fatto abbastanza a meno, e se lo escludessimo completamente la gente si rifiuterebbe di andare a produrre e offrire servizi? Abbiamo un cervello che non ragiona saggiamente? Diventeremo mai un po' più saggi?

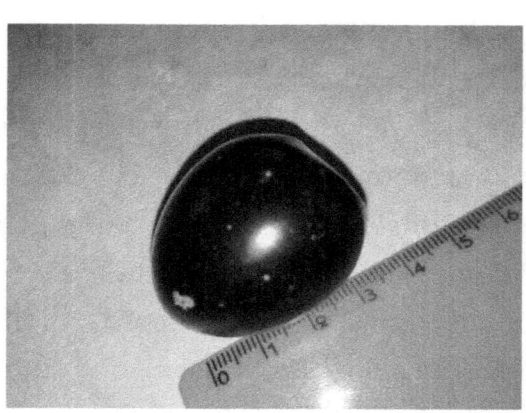 

Olive nere OGM?

LA VITA...

Come dice qualcuno: la mente è come un paracadute, funziona solo quando si apre! A me piace dire: le menti sono come piume delle ali, funzionano quando sono aperte e cooperano! Esorto ad approfondire gli argomenti trattati se eventualmente dovessero essere in parte (o del tutto) sconosciuti.

Cos'è la vita? La materia si anima per ragioni chimiche e/o fisiche? Esistono le anime? Di cosa sono costituite? Come sono fatte? Hanno una dimensione, una forma, un colore, un volume, un peso, una densità? Perché non le vediamo neppure con delle strumentazioni (casi forse fantomatici e sporadici a parte)? Appare logico che la materia non possa animarsi senza un'energia "vivente", dotata di libero arbitrio che se ne impossessi, che la trasformi, la adatti, la organizzi, la renda "funzionante", in grado di crescere, riprodursi, garantire la sopravvivenza, partendo da una struttura inizialmente semplice, unicellulare, che man mano viene sviluppata non in maniera casuale ma dettata dalle esigenze e resa sempre più complessa, quindi adeguata a risolvere problemi di sopravvivenza sempre maggiori e diversificati. Ogni anima sceglie un percorso in modo del tutto personale. Non esiste un percorso evolutivo assolutamente migliore o peggiore, l'unica cosa che conta è che funzioni, si integri, si armonizzi, interagisca col resto e condivida materia ed energia in maniera equilibrata e ponderata, che sia in grado di sopravvivere, di garantire la discendenza. Scienziati ingenuamente in laboratorio cercano di far partire la vita mescolando più o meno energicamente, ininterrottamente tutti i costituenti fondamentali per la formazione della vita ma dimenticano che non è un fatto puramente fisico-chimico e probabilistico. Sembrerebbe piuttosto che la "vita" stessa decida se, dove, quando e come nascere, svilupparsi, crescere, evolvere e adattarsi. La fine dell'esistenza è dettata in parte dalla probabilità. Anche i "difetti di produzione" che si discostano dagli "standard" sono casuali e, a volte, raramente, determinano nuovi diversificati percorsi evolutivi. Si pensi alla microcefalia, ad esempio, tanto per citare un "difetto di fabbrica" degli ultimi tempi, certamente non costituirà (almeno spero) un nuovo, alternativo cammino dell'evoluzione umana. Apro e chiudo parentesi riguardo la microcefalia: i dati statistici evidenziano che i soggetti affetti da detta patologia non hanno speranze di sopravvivenza, muoiono nel giro di pochi anni e a volte ancor prima. Le condizioni che rendono possibile la vita non sono esclusivamente quelle che ben conosciamo e ci riguardano, infatti già nel nostro mondo esistono gli estremofili, esseri in grado di vivere in condizioni apparentemente proibitive, come nell'acido, a elevatissimo calore, a bassissima temperatura, a forte pressione, in assenza di luce, in mancanza di ossigeno e così via. Perché le anime "lottano" per "incarnarsi" e vivere? Mi piace questa definizione: siamo esseri spirituali in cerca di un'esperienza terrena. Quindi la "reincarnazione" (non necessariamente in un essere appartenente al regno animale) è un'opzione possibile, magari molto improbabile, se il numero di anime è apparentemente quasi "infinito", ma pur sempre possibile. Nascere sotto una forma in cima alla catena evolutiva, non solo è un gran privilegio, un'opportunità unica (o quasi) e irripetibile (forse) ma è una gran "fortuna", un accadimento di molti eventi favorevoli oltreché di una gran tenacia e determinazione del nascituro, una competizione estrema, sfrenata e direi "selvaggia" di "concorrenti" all'unico posto disponibile in quel momento, in quell'occasione per poter riuscire, dopo la gestazione (che potrebbe anche non giungere a termine), a "vedere la luce" (forse la vera "luce" potrebbe esserci dopo l'esistenza terrena). Evidentemente nella condizione di esseri viventi non incarnati, non riusciamo a far molto, perciò cerchiamo di guadagnare gradi di libertà. Siamo proprio sicuri di essere entità distinte e separate? Come mai ci capita di pensare contemporaneamente (o quasi) la stessa identica cosa (anche tra individui localizzati in posti disparati)? Perché sbadigliamo nello stesso momento anche se non guardiamo, non ascoltiamo né percepiamo in qualche modo che altri stanno sbadigliando? Fattori di pressione, temperatura, umidità oppure rumori, odori... stimolano lo sbadiglio? È semplicemente dovuto al bioritmo che per la maggior parte delle persone sarebbe in fase? Certo, come vale a volte (spesso) anche per il sorriso, potremmo essere stimolati, influenzati ad emulare, a ripetere, a copiare, a ricambiare ma non sempre è così. Potremmo in realtà, senza rendercene conto, essere terminazioni di un unico essere vivente che esiste da sempre e per sempre, vasto quanto tutto lo spazio cosmico infinito, comprendente tutta la materia e l'energia esistente, che si trasforma ininterrottamente? Quindi potremmo essere il Dio "creatore" di se stesso, o meglio autogenerato "casualmente" e non creato da qualcuno? Altrimenti un eventuale unico Dio creatore di tutto l'universo quando, come e dove sarebbe nato? Un giorno morirà? Come avrebbe fatto a creare ogni cosa in tutto l'infinito spazio cosmico? In ogni caso vivere è una esperienza preziosissima e ogni essere vivente ha un'unica missione: continuare a dare la possibilità ai futuri esseri, propri simili, di fare la stessa esperienza ovvero di salvaguardare la "vita" o, se si preferisce alternativamente dire, la sopravvivenza della propria specie ma anche di qualunque altra poiché tutti gli organismi hanno bisogno in qualche maniera di tutti gli altri. Tutti gli organismi cercano di nutrirsi di altri organismi cercando di non divenire a loro volta nutrimento, cercano di proliferare o prolificare quanto basta per tenere alta la probabilità di sopravvivenza. La catena alimentare (non parlo dei supermercati) è chiusa? Com'è possibile? Allora il ciclo alimentare sarebbe un po' come il "moto" perpetuo? Davvero è così? Bhe se parliamo di moto perpetuo riferendoci ad un pendolo in condizione di assoluta assenza di attriti (difficile) e di resistenza aerodinamica (quindi nel vuoto assoluto, che neppure il cosmo offre ma che potremmo creare in laboratorio), certamente esiste (o potrebbe esistere) ma riguardo il "prendere e dare" materia ed energia indispensabili per vivere, la cosa è un tantino più complessa. Molto (quasi tutto) dobbiamo all'energia che ci regala il Sole. Il regno vegetale si "nutre" in buona parte di quella energia e, a meno che non ci si riferisca alle piante carnivore, che sono comunque a metà strada evolutiva tra i due regni (animale e vegetale, non parlavo di regni regali), non si nutre di organismi viventi bensì di sostanze organiche inanimate. Nulla si crea, nulla si distrugge, tutto si trasforma, ma il sole intanto si sta consumando, molto "lentamente" (impiegherà miliardi di anni terrestri prima di "morire") e che fine avrà fatto tutta la sua materia e tutta la sua energia alla fine del suo ciclo di "vita"? Verranno recuperate in qualche modo, da qualche parte, da qualche cosa? Tornando al discorso di bisogno del prossimo o comunque di altri esseri, rendiamoci conto che nessuno in alcun modo può fare a meno degli altri. Giusto per fare un esempio banale, riferendoci al meschino aspetto economico, che tutti (o quasi) cercano di curare il più possibile, i soldi si guadagnano grazie agli altri che li spendono, mentre il potere non esiste senza termini di paragone, senza riferimenti, i quali sono dati dal maggior o minore potere che gli altri hanno. Quindi, anche in questo caso, sotto questo aspetto, necessitiamo degli altri. Abbiamo il dovere e la necessità di rispettarci, apprezzare l'operato altrui (oltre a quello nostro) e salvaguardarlo. Ricordiamoci che ciascuno di noi è l'altro dell'altro. Potremmo dilungarci all'infinito su questo discorso: mangiamo perché c'è chi ha coltivato, altri hanno allevato, altri hanno trasportato... e qualcuno ha cucinato e lavato le stoviglie. Abbiamo il portafogli non vuoto (si spera) perché esiste il nostro lavoro (se ancora lo si ha), reso possibile da un certo numero d'individui (gli altri). Potremmo fare tantissimi esempi per evidenziare l'importanza del prossimo. Anche tutto il resto delle specie viventi hanno la loro indispensabile importanza in qualche modo. Rispettiamo, oltre che giusto e giudizioso, conviene a tutti!

L'ANIMA, L'UNIVERSO, IL TEMPO...

Un individuo si prese la briga di pesare un moribondo di statura e corporatura media nel momento del suo decesso, osservando una diminuzione di peso di circa undici grammi nell'esatto istante del decesso. Undici grammi di anima? Soltanto di anima? Niente gas, vapori o altro che facevano parte di quegli undici grammi? Secondo l'equazione di equivalenza massa-energia, la famosa legge di Albert Einstein, $E=mc^2$ (dove "E" è l'energia, "m" è la massa e "c", dal latino celeritas, è la velocità della luce che dev'essere elevata al quadrato), undici grammi di materia in termini di energia sono una quantità enorme, circa 990'000'000'000'000 Joule ($99x10^{13}$ Joule)! Energia sufficiente per fermare o muovere una nave a velocità sostenuta. Un Joule è l'energia che serve per sollevare di un metro un oggetto di cento grammi. In accordo con la fisica relativistica o quantistica, una cosa calda pesa, ovvero ha una massa, seppur di pochissimo, superiore alla massa della stessa cosa fredda. La differenza di temperatura di una persona inizialmente viva e poi morta non spiega assolutamente una tale quantità di energia. Sorge spontaneo pensare che solo una parte (il resto potrebbero essere gas e liquidi) riguarda la massa extra, ossia quella sotto forma di energia potenziale e cinetica interna ai protoni e ai neutroni, che interagisce tra e con i quark e che soddisfa la succitata legge di Einstein. Nel momento del decesso quella massa (di 11 grammi) abbandona la materia (il corpo) sotto forma di energia? Ciò significherebbe che le "anime" sono radicate e distribuite internamente agli atomi (tra i quark)? Risulterebbe altrettanto naturale pensare che ad esseri viventi più grandi e pesanti corrisponde un'anima maggiore. Allora più diventiamo grandi e/o grossi più la nostra anima cresce? Naaah! L'anima dev'essere qualcos'altro che probabilmente non si può pesare. Anche l'anima ha un ciclo di vita? "Nasce", "cresce" e "muore" o si trasforma? Le anime si scindono o si fondono? Esistono esseri viventi di tutte le dimensioni. Anche decisamente più leggeri di undici grammi. Quegli esseri hanno meno anima? Anche noi umani eravamo molto più piccoli e leggeri in una fase iniziale della nostra esistenza (ovocita appena fecondato o prima ancora). Dov'erano gli undici grammi di anima? Trovo spontaneo pensare che parte dell'anima è e resta esterna all'individuo interessato, a meno che anche l'anima cresca. Se così fosse, con che rapidità? Seguendo quali criteri? Il cervello è solo una sorta di antenna ricevente dei comandi dell'anima la quale non prende mai effettivamente possesso del sistema biologico animato (essere vivente)? Quanti esseri viventi convivono su questo pianeta? Ognuno con la propria anima? Le anime s'intersecano o si accalcano strette le une tra le altre? Oppure, come dicevo, siamo terminazioni di un unico essere vivente? Sul e nel nostro corpo esistono e convivono una miriade di organismi che svolgono le più svariate azioni, con noi, per noi, ma anche contro di noi, senza neppure rendercene e rendersene conto. Comprendono almeno di vivere dentro o sopra un altro essere vivente? Noi riusciremmo a renderci conto di vivere dentro o sopra un essere vivente infinitamente più grande? E se in realtà fossimo un tutt'uno, un'unica cosa? Ci sono una serie di processi come la respirazione, il battito cardiaco, la digestione, processi cerebrali e tanti altri "automatismi" che fanno costantemente parte del nostro vivere quotidiano anche se non ci accorgiamo o non ci facciamo caso che avvengono per rendere possibile la nostra sopravvivenza. Quindi potremmo considerare in un certo qual modo l'universo come un essere vivente? L'energia oscura potrebbe essere la sua anima che attualmente lo sta espandendo, facendolo crescere, con tempi ovviamente neppure lontanamente paragonabili ai nostri? La materia oscura cos'è? Se consideriamo il "Big Bang" come un "rimbalzo" parziale dell'universo (riesplosione per collisione di tre o più buchi neri super, super... super massicci), la materia oscura potrebbe essere formata da microscopici, infinitesimali buchi neri. Perciò non visibile. Una grandissima quantità di buchi neri super, super... super massicci, presenti al centro di molte galassie a spirale, non hanno avuto abbastanza tempo, dal "Big Bang" ad oggi, per formarsi e ingigantirsi fino a quei livelli. Mi sembra logico pensare che esistevano già, abbastanza sparpagliati, prima del "Big Bang". Perciò sarebbe il caso di parlare di rimbalzo parziale. Questo darebbe una spiegazione alternativa anche a quella data dalla teoria dell'inflazione che afferma che in un istante iniziale, immediatamente dopo il "Big Bang", una vastissima quantità di materia ed energia si sarebbe sparpagliata istantaneamente per poi continuare il processo di espansione in maniera molto meno rapida (ma accelerata). Accelerata? Com'è possibile? Sorge spontaneo credere che tanta materia ed energia già era distribuita intorno il punto del "rimbalzo" (riesplosione). Pensando ad una qualunque esplosione (causata o capitata), i detriti di varia forma e dimensione vengono scagliati tutti intorno e quelli più piccoli e leggeri con velocità iniziale maggiore rispetto a quelli più grandi e pesanti (leggasi: con una massa maggiore). Rallentati dalla resistenza aerodinamica (seguendo una traiettoria parabolica discendente, considerate le forze in gioco), tendono a fermarsi (cadendo al suolo) nei punti più disparati. In una riesplosione cosmica (moto parabolico escluso, mancando la forza di gravità del pianeta e la resistenza dell'aria) accade la stessa cosa. Se non intervengono altre forze non si ha ad un certo punto (o momento molto prossimo a quello iniziale) un brusco, repentino rallentamento di tutto quanto scagliato via dall'esplosione (o riesplosione cosmica) per poi procedere con l'espansione del tutto, a velocità (o accelerazione/decelerazione) molto inferiore. Andromeda e la Via Lattea sono in rotta di collisione, stimolate dalla reciproca attrazione gravitazionale. Il giorno in cui "collideranno", cosa succederà ai buchi neri presenti nel loro centro? Possono accadere sostanzialmente tre cose:

1. potrebbero catapultarsi reciprocamente verso l'esterno della supergalassia (che potremmo chiamare Andromelattea o Latteandromeda), seguendo traiettorie praticamente quasi opposte e, fagocitando materia ed energia lungo il loro

percorso, s'ingrandirebbero sempre più divenendo come delle immense "palle da bowling" che farebbero "strike" con tutti i corpi celesti alla loro portata gravitazionale, continuando non solo a catapultare corpi celesti in ogni direzione (anche i pianeti gassosi che sappiamo essere soprattutto vaganti, forse proprio in base a questo possibile fenomeno) ma pure ad inglobare massa ed energia, dunque aumentando sempre più di massa divenendo, strada facendo, estremamente massivi (molto più di quanto si possa credere o immaginare). Tale accadimento potrebbe innanzitutto stravolgere la supergalassia abbandonata rendendola irregolare nella forma e, durante il lunghissimo viaggio dei buchi neri, potrebbero del tutto sparire (essere inglobate interamente) altre galassie poste sulla loro traiettoria (e chissà se, un bel momento, potrebbero esplodere spontaneamente sotto il loro stesso peso e creare nuovi universi);

2. potrebbero collidere e collassare in un unico buco nero di massa quasi pari alla loro somma (della massa verrebbe espulsa sotto forma di radiazioni gamma ma potrebbe essere guadagnata ulteriore massa inglobando le stelle e tutti i corpi celesti nelle vicinanze);

3. trovare un equilibrio tra repulsione, dovuta alla forza centrifuga, e attrazione per via dell'attrazione gravitazionale, quindi formare un sistema binario (due buchi neri coorbitanti) similmente alla maggior parte delle stelle (è opinione sempre più diffusa che anche il nostro Sole in realtà sia una stella binaria).

Ipotizzando che accadranno sempre e solo quest'ultime due ipotesi, iterando il processo con altre galassie, cosa accadrà? Si formerà una nuova galassia maggiore con un buco nero centrale sempre più grande (o forse due coorbitanti). Dopo un certo numero di accorpamenti si arriverebbe ad avere un buco nero super, super... super massiccio al centro della enorme galassia risultante (oppure un sistema binario super, super... super massiccio). Quando e come avverrebbe il "rimbalzo" o meglio, la "riesplosione" (secondo alcuni il "Big Bang", ma è concettualmente differente)? Se la massa del buco nero super, super... super massiccio eccede un certo limite potrebbe esplodere spontaneamente (sotto il proprio peso) sparpagliando tutto ciò che contiene e ciò che è coinvolto e travolto dalla sua onda d'urto sparpagliando energia e materia in tutte le sue forme (molecole, atomi, particelle subatomiche, microscopici buchi neri, radiazioni, energia, ecc.)? Oppure dovrebbero collidere almeno tre buchi neri super, super... super massicci, vagamente tipo palle da biliardo o meglio, mentre due dei tre buchi neri coorbitano reciprocamente (come due stelle binarie) e mentre il terzo (o un'altra coppia binaria di buchi neri) si approssima (grazie alla reciproca attrazione gravitazionale) si troverebbero a collidere in rapida sequenza generando una energia enorme e tale da distruggere tutti e tre (o quattro) buchi neri con conseguente espulsione ed espansione di tutta la materia ed energia costituente e quella investita dall'onda d'urto, anche in questo caso in tutte le forme possibili esistenti nello spazio cosmico ("energia oscura" e "materia oscura" comprese). Ulteriore possibilità è data dall'esplosione per collisione brusca dei due buchi neri super, super... super massicci di un sistema binario inizialmente in equilibrio perché la reciproca forza centrifuga e d'attrazione gravitazionale erano identiche (e ovviamente opposte) e successivamente sbilanciate a favore di quella gravitazionale in seguito a una vorace e massiccia fagocitazione di ingenti quantità di materia e di energia capitata alla loro portata (ovvero alla distanza di attrazione). Sono solo teorie (mie) che andrebbero verificate. L'universo "conosciuto" (universo osservabile o orizzonte cosmologico) è in rapida espansione e apparentemente in accelerazione (poiché in accelerazione verso il rosso è il colore della luce emessa dalle galassie remote), quindi sembrerebbe impossibile che possa riaccorparsi per poter "rimbalzare" (riesplodere). Continuerà con la sua accelerata espansione oppure rallenterà e invertirà la tendenza ovvero comincerà a restringersi fino a poter "rimbalzare" nuovamente? Altra possibilità è che come ogni cosa in natura che accade in un punto potrebbe essere accaduta o accadere in un altro punto dell'infinito spazio cosmico seguendo esattamente le stesse leggi fisiche (vedasi il "principio d'induzione" per comprendere meglio). Questo universo potrebbe, espandendosi, incontrare un altro remoto universo e avere la possibilità di rimbalzare unendosi all'altro. D'altronde perché l'universo sta accelerando nella sua espansione? Perché è un essere vivente in crescita oppure perché attratto gravitazionalmente da altri universi circostanti? Perché c'è un altro tipo di materia oscura che respinge piuttosto che attrarre grazie al suo ipotetico campo antigravitazionale? Col "Big

Bang" tutto potrebbe essere accaduto, la formazione di materia, di antimateria (in maniera disequilibrata e che ha "visto vincere" la materia sull'antimateria la quale annichilendosi con parte della materia si è totalmente esaurita ed è sparita, almeno nel "nostro" universo), di energia, radiazioni... buchi neri di tutte le dimensioni (anche microscopici) e di particelle repulsive (antigravitazionali) isolate ma diffuse e distribuite, responsabili della "energia oscura". Solo il campo gravitazionale non ha il suo opposto? Esiste il "positivo" e il "negativo" in tutto tranne che per la massa (campo gravitazionale)? Perché? Questo universo, come infiniti altri, è composto da materia, altrettanti potrebbero essere composti da antimateria. Tutto dipende dallo sbilanciamento delle due (materia e antimateria) immediatamente dopo il "Bing Bang". Se gli universi sono tutti in espansione, un "bel giorno" potrebbero collidere una galassia e un'antigalassia (la prima basata sulla materia e l'altra basata sull'antimateria) e cosa accadrebbe? Possiamo affermare che essendoci tutto lo spazio e il tempo a disposizione, ciò che è accaduto, prima o poi certamente riaccadrà! Contrariamente a ciò che afferma la teoria del "Big Bang", il rimbalzo potrebbe essere accaduto infinite volte in punti molto remoti dell'infinito spazio cosmico, in tempi diversificati. Non dimentichiamo che c'è tutto lo spazio e il tempo a disposizione. Il tempo è relativo e lo spazio è comprimibile? Sembrerebbe proprio di sì ma, attenzione, se misuriamo il tempo con un "orologio" atomico (ovvero con l'oscillazione degli elettroni di un atomo), non stiamo facendo altro che misurare l'avanzamento dei processi subatomici, atomici, molecolari... con una cadenza (quella dell'orologio) che segue lo stesso "ritmo" di tutto il resto, quindi in realtà non stiamo considerando quello che potremmo definire "tempo assoluto" bensì quello relativo che accelera o decelera (anche nell'orologio atomico) a seconda della differente forza di gravità, della velocità, del livello di compressione o espansione dello spazio. Un ipotetico osservatore esterno vedrebbe scorrere in maniera diversificata i vari "tempi" (relativi) ovvero l'evolversi degli eventi in punti differenti dell'infinito ma il suo "orologio" potrebbe non contare il tempo basandosi sui processi atomici bensì seguendo un altro criterio immutabile. Quale potrebbe essere? Un comune orologio atomico è basato generalmente sull'atomo di Cesio 133 che oscilla 9132631770 volte in 1 secondo (non è l'unico tipo di atomo utilizzato, ci sono altre alternative come l'atomo di Rubidio 87, l'atomo d'Idrogeno o altri). Allontanando l'orologio atomico dal suolo, varia l'oscillazione dei suoi elettroni, seppur di pochissimo, quindi viene contato il tempo in maniera differente a seconda dell'intensità del campo gravitazionale. Sono inversamente proporzionali (ad un aumento del campo gravitazionale corrisponde un rallentamento del tempo relativo e viceversa). Così come varia l'oscillazione degli elettroni nell'atomo, nello stesso modo varia il "tempo" (quello relativo). Chi si trova immerso in quella realtà avrà il proprio tempo (relativo), differente (più veloce o più lento) rispetto al tempo (sempre relativo) di qualcun altro che vive in una condizione gravitazionale (oppure di velocità o, se vogliamo, di compressione spaziale) diversa. Questo effetto è stato realmente misurato con un esperimento del 1972 da Hafele e Keating, i quali hanno montato orologi atomici su aerei che hanno fatto il giro del mondo e li hanno confrontati con il tempo misurato da orologi atomici rimasti a terra. Al termine della prova risultavano effettivamente differenti i tempi segnati dai diversi orologi, in accordo con quanto previsto dalla Relatività ristretta e dalla Relatività generale. Chi si approssima a un buco nero, a causa del suo enorme campo gravitazionale, vive in una realtà temporale rallentata rispetto a chi si trova lontano dal buco nero ma senza accorgersene (in assenza di riferimenti) se non osservando l'evolversi degli eventi (apparentemente accelerati) di chi si trova lontano. Lo stesso discorso si può fare per chi è lontano (vive in una realtà temporale accelerata rispetto a chi si trova vicino al buco nero ma senza accorgersene se non osservando l'evolversi degli eventi di chi si trova approssimato al black hole). Pure aumentando la velocità, il tempo rallenta (fino ad un rapporto di circa 1:7, alla velocità della luce; in otto minuti e mezzo a velocità luce trascorre un'ora terrestre) perché aumenta la massa apparente (sommatoria di tutti i contributi: massa dovuta all'energia cinetica, massa dovuta all'energia potenziale, massa dovuta agli attriti e massa inglobata nei protoni e nei neutroni), quindi s'intensifica il campo gravitazionale. La massa è una proprietà della materia non una grandezza fisica (come forza, energia, larghezza, lunghezza o altezza). Il tempo assoluto potremmo arbitrariamente definirlo come media (aritmetica oppure ponderata ma correttamente pesata) di tutti i tempi relativi. Come potremmo calcolare la media dei tempi relativi?

Indicizzando ossia assegnando un numero intero ad ogni occorrenza di tempo relativo e calcolandone la media aritmetica? Ma le occorrenze potrebbero essere infinite quindi anche il risultato della media darebbe infinito. Quindi il tempo assoluto non esiste? Viaggiando alla velocità della luce (non superabile per quanto ne sappiamo), lontano da campi gravitazionali, potremmo considerare tempo assoluto quello misurato dall'orologio atomico in quelle circostanze. Quindi ogni altro tempo relativo sarebbe, in ogni caso, NON più lento del tempo assoluto (definito arbitrariamente nel modo appena descritto)? Non propriamente perché, viaggiando alla velocità della luce e attraversando i campi gravitazionali, il tempo (leggasi evoluzione degli eventi) rallenterebbe ulteriormente, dunque esisterebbero tempi che trascorrerebbero ancor più lentamente di quello assoluto (scelto come riferimento, tipo lo zero nel metro o nella bilancia ad esempio). Senza spostarsi, in prossimità di un buco nero, enormemente super massiccio, il tempo sarebbe meno lento o più lento ancora di quello pocanzi definito come "assoluto"? Non ci è dato di saperlo (per adesso).

Tornando ai ragionamenti sulla "riesplosione", due "rimbalzi" qualunque (scelti a caso), avrebbero la medesima energia esplosiva con probabilità quasi nulla, infinitesimale (praticamente trascurabile), tantomeno una espansione somigliante in velocità e densità, perché generati da buchi neri (con galassie annesse) differenti sotto vari punti di vista (massa, configurazione binaria, traiettorie...), perciò ogni universo si espande in modo unico e irripetibile (come le albe e i tramonti). Stephen Hawking ipotizzava che in galassie molto remote il tempo potrebbe essere qualcosa di materiale (nientepocodimenoké!). Aaah! ecco la provenienza della frase: mi manca il "tempo materiale". :-D

Finalmente è stato fotografato un buco nero a conferma di tutto ciò che avevamo già ipotizzato, intuito, calcolato, misurato e "riprodotto" in "laboratorio" (nel 2017 un esperimento realizzato allo SLAC National Accelerator Laboratory statunitense, in California, ha permesso di creare per una frazione di secondo un microscopico buco nero all'interno di una molecola, utilizzando un'emissione estremamente luminosa di raggi X per trasformare un atomo di una molecola in una specie di buco nero elettromagnetico). Ci siamo solo tolti una curiosità. Non ci stupisce affatto e non aggiunge niente a ciò che già sapevamo anche se è bello avere finalmente un riscontro più concreto e tangibile. Una sola istantanea, purtroppo però non ci dà conferma né smentisce che i buchi neri siano a volte (se non quasi sempre) dei sistemi binari (due buchi neri coorbitanti) o addirittura ternari o ancor più. Sarebbe stato più utile un video o più foto successive in modo da poter valutare la sua traiettoria, ed eventualmente individuare anche il suo ipotetico binario in modo da renderci conto se sono effettivamente due buchi neri a coorbitare oppure no. Misurazioni che avremmo dovuto fare in contemporanea ad altre valutazioni di traiettoria e velocità della galassia cui appartiene il buco nero fotografato.

Perché l'universo (conosciuto) si espande in maniera accelerata? Vien da pensare che c'è qualcosa che attrae il tutto dall'esterno e verso l'esterno oppure l'esatto contrario cioè qualcosa che spinge il tutto dal centro (ovvero dal punto del "big bang"). Potrebbe essere ciò che resta dei buchi neri super, super... super massicci entrati in collisione e che hanno generato la riespansione? Qualcosa che contrariamente a ciò che faceva prima dell'esplosione rilascia onde di energia che potemmo definire antigravitazionali? L'universo sta surfando su queste ipotetiche onde che aumenterebbero man mano d'intensità e frequenza e per questo accelera nell'espansione? Non credo! Per ora non ci è dato di saperlo e perciò chiamiamo "energia oscura" questa misteriosa sconosciuta energia. Dai calcoli sulla massa presente nell'universo e i suoi effetti i conti non tornano ancora una volta quindi è stata definita "materia oscura" tutta quella massa invisibile (e non è poca) ma che ha delle influenze sull'universo.

Aggiornamento: recenti studi e osservazioni con le nuove tecnologie e tecniche di osservazione dello Spazio cosmico ovvero grazie al MUSE 3D installato sul Very Large Telescope (VLT) dell'Osservatorio Europeo Australe (ESO) che regalano immagini nitide e definite alla stregua delle immagini inviate da Hubble, il telescopio spaziale posto in orbita dalla NASA il 24 aprile 1990, hanno evidenziato, come ipotizzato nella mia teoria, l'esistenza di tripli buchi neri supermassicci al centro dell'immensa galassia irregolare (nella forma) denominata NGC 6240. Degli astronomi, grazie ai dati raccolti dal Chandra X-ray Observatory, il telescopio orbitale della Nasa, hanno studiato settantadue galassie fino a una distanza di tre miliardi e mezzo di anni luce dalla Via Lattea (la nostra galassia). Alcuni buchi neri hanno massa dieci miliardi di volte quella del nostro Sole e uno tra quelli osservati finora è diciassette miliardi di volte la massa solare. Ci sono affermazioni discordanti riguardo la proporzione tra la dimensione della galassia e quella del suo buco nero (o dei suoi buchi neri). Personalmente, rifacendomi alla mia teoria, non ci dovrebbe necessariamente essere una stretta dipendenza poiché con un Big Bang parziale o una riesplosione (come la definisco io) o un "rimbalzo", la materia (in tutte le sue forme) e l'energia si sparpaglierebbero a caso e potrebbero esserci maggiore concentrazione e distribuzione in determinate aree piuttosto che in altre e anche la natura e la dimensione dei vari pezzi sarebbe differente, anche sensibilmente, tra zona e zona, dunque un frammento di buco nero (dopo la sua esplosione), anch'esso nella forma di buco nero, potrebbe essere già super massivo e avere relativamente poca altra materia nei dintorni da poter catturare in orbita, viceversa un buco nero più modesto (in dimensione) potrebbe avere un gran quantitativo di materia che finirebbe per orbitare intorno a se. Si considera possibile che i tre buchi neri della galassia NGC 6240 si aggregheranno (collasseranno) in un unico elemento. Discordo perché saremmo stati troppo fortunati a vedere i tre buchi neri poco prima del loro accorpamento. Credo che siano in equilibrio stabile ossia i due buchi neri vicini tra loro, coorbitano come sistema binario che a sua volta orbita attorno all'altro buco nero supermassivo più distante, in perfetto accordo con la mia teoria. Quando riusciranno a collidere brutalmente con un altro buco nero super, super, ..., super massiccio (o con una coppia o un'altra tripla di buchi neri super massivi) potrebbe accadere un Big Bang parziale. A mio modesto parere, prima o poi, iterando il processo, accadrà! Se non fosse così cosa potrebbe accadere? I buchi neri si unirebbero e aumentando il loro campo gravitazionale, riuscirebbero a inglobare ulteriore materia (pianeti, satelliti, asteroidi, comete, meteoriti, ecc.) alla loro "prossimità" ingrandendosi ulteriormente. Man mano diminuirebbero i sistemi stellari e s'ingrandirebbero i buchi neri, successivamente le galassie collasserebbero integralmente nei buchi neri che si unirebbero man mano. Alla "fine" del processo risulterebbero solo buchi neri estremamente massivi. Sarebbe la "morte" di tutto? Non credo possa andare così. Spero proprio che la mia teoria sia corretta e che tutto ricominci. Se pensiamo all'immensità (leggasi infinità) della "finestra" degli eventi e allo spazio (cosmico) infinito, non mi sembra logico credere che questa sia l'unica volta che le cose stiano andando come stanno andando ovvero esistono non solo i buchi neri ma anche le galassie, le stelle, i pianeti, i satelliti, la "materia oscura", l'"energia oscura", ecc. Concludo questo argomento con tre domande: se una galassia spiraliforme ha n (enne) bracci potrebbe essere che il buco nero super massiccio (nel suo centro) sia l'unione di altrettanti (enne) buchi neri che per un periodo abbastanza lungo di "tempo" (ampia evoluzione degli eventi) hanno coorbitato e attratto la materia intorno a loro disponendola con quella conformazione? Potrebbe essere che le galassie non spiraliformi non abbiano avuto una simile storia del proprio buco nero il quale invece è "sempre" stato singolo? Quando il buco nero super massivo raggiunge un certo limite di dimensione, estremamente grande, molto più di qualunque buco nero esistente attualmente, potrebbe esplodere spontaneamente (sotto il proprio "peso"), così come cadrebbe un altissimo grattacielo con un piano di troppo?

È stato osservato che qualcosa sta annullando, facendo sparire delle galassie. Varie sono le ipotesi avanzate dagli scienziati astronomi. Mi chiedo: potrebbero pure essere dei buchi neri estremamente super massivi che stanno fagocitando integralmente alcune galassie oppure estese regioni di residui di antimateria che stanno annichilendo la materia di dette galassie o più semplicemente stanno diventando invisibili ai nostri sistemi di osservazione perché ormai allontanatesi troppo da noi? Ritengo impossibile che tutte le stelle (sono miliardi) di quelle galassie si possano spegnere contemporaneamente (o quasi). Tali accadimenti stanno incuriosendo e preoccupando non poco gli astronomi (e non soltanto loro). Per ora niente si può considerare come causa effettiva e neppure come causa probabile. Sembrerebbe che esistano delle galassie prive e altre provviste di materia oscura. Se la materia oscura è effettivamente composta da "nuvole" di piccoli buchi neri (come ipotizzo io) potrebbe essere che si siano aggregati gradualmente e ingrandendosi sono diventati abbastanza massivi da poter inglobare materia nelle loro vicinanze continuando a crescere e diventando sempre più "voraci" fino al punto d'incorporare tutta la galassia che li "ospitava" compreso il o i buchi neri al centro della medesima galassia apparentemente sparita nel nulla. I conti tornerebbero ma per adesso nulla si può affermare con certezza. Le osservazioni e gli studi continuano e... staremo a vedere... Spero vivamente che la Via Lattea non abbia materia oscura nelle sue prossimità e, durante il suo viaggio, non l'avrà mai, anche se sappiamo bene che tutto ha un ciclo di vita, purtroppo (e per "fortuna"?!).

L'INFINITO

Lo spazio cosmico è davvero infinito? Se ipotizziamo un limite (una frontiera) cosa c'è dopo? Qual' è e com'è la fine della fine? Potrebbe essere tutto contenuto in uno sconfinato "vuoto" interno a qualcos'altro che potrebbe essere, per esempio, di materia solida (o liquida)? Oppure plasma? Escluderei i liquidi e il plasma perché mancano i presupposti per poter esistere una bolla di "quasi-vuoto" all'interno. Potremmo immaginarlo come un formaggio con i buchi e tutto si troverebbe all'interno di una di quelle cavità. Si spiegherebbe l'espansione accelerata dell'universo. Sarebbe dovuta all'attrazione gravitazionale della materia circostante. Perché nella cavità sarebbe avvenuto il "Big Bang"? Non tornano i conti (e le Contesse cosa fanno?). Ritengo molto più probabile che lo spazio cosmico sia "omogeneo", fatto ovunque "nello stesso modo" di quello "conosciuto" o osservabile e regolato dalle medesime leggi fisiche (tuttora conosciute parzialmente da noi. Vedi soprattutto la Fisica quantistica).

LA CATENA ALIMENTARE

Esiste una catena alimentare universale così come esiste la catena alimentare sulla Terra? È indispensabile rifornirsi di tutto ciò che serve per far funzionare (vivere) gli organismi. Più complesso è l'essere vivente maggiori e diversificati devono essere i "nutrienti". Ci sono organismi molto semplificati che hanno bisogno di ben pochi fattori per sopravvivere e prosperare. Il regno vegetale è vivo, infatti si basa sul DNA, anche se privo di sistema nervoso, cardiocircolatorio, ottico, tattile, olfattivo, uditivo, ecc.. Perché è privo di tutto ciò? Semplicemente perché ha seguito dei percorsi evolutivi che non necessitano di tutto ciò di cui ha bisogno un essere vivente appartenente al regno animale, pur riuscendo a garantirsi la sopravvivenza con quel "poco" che ha e che fa. Gli animali per nutrirsi e non essere mangiati hanno bisogno di tutte le "complicazioni" che lo caratterizzano. Ci sono animali che hanno qualche senso particolarmente sviluppato sempre ai fini della sopravvivenza. Esistono anche piante carnivore che si sono dotate nel corso della loro evoluzione di rudimentali sistemi nervosi e "apparati digerenti" necessari e sufficienti per la loro sopravvivenza. Quali sono state le scelte evolutive più "felici", quelle del regno animale o quelle del regno vegetale? Se pensiamo che le piante non hanno mai fatto guai, vincono loro 1 a 0, se pensiamo alla capacità di diffondere la propria specie nell'universo, vincono nuovamente le piante e siamo a 2 a 0 per loro... Dunque in realtà sono loro gli organismi "superiori"? Dai semi che potrebbero diffondersi nel cosmo e germogliare su altri pianeti con presenza di acqua ritengo che potrebbe svilupparsi, nel corso di milioni di anni, anche il regno animale. Sarebbe possibile in qualche modo la diffusione nel cosmo, di cellule (oppure ovociti fecondati) ancora vive, rianimabili o resuscitabili? Certo è che le cellule animali sono di gran lunga più delicate dei semi (vegetali). Un seme che non si è trovato nelle condizioni di poter germogliare per tanti anni può ancora germogliare non appena si trova nelle condizioni giuste mentre una cellula, un ovocita fecondato o uno spermatozoo, non hanno molte chances di sopravvivenza. Quindi come si diffonde la vita nell'universo? Ibernazione o criogenesi fortuita dentro un asteroide poi precipitato? In acqua o sul suolo?

Un fungo potrebbe avere un'anima? Il muschio, quando è molto esteso, quante anime ha? Una barriera corallina, sembrerebbe composta da un unico organismo vivente, quindi quante anime ha? La totalità degli esseri viventi su questo pianeta, tra animali e vegetali, microscopici e non, già esistiti, esistenti o che esisteranno, quante anime contano? Quante altre anime esistono in tutto lo spazio cosmico infinito? Se un'anima deve abbandonare l'organismo occupato in pieno spazio cosmico, lontano da qualche pianeta abitato, avrà mai una nuova opportunità di appropriarsi di un nuovo organismo da far vivere? Come anime libere abbiamo la capacità di comprimere lo spazio e quindi non è un problema quello di raggiungere un mondo popolato? Siamo terminazioni di un unico, infinito essere vivente e quindi non ha senso parlare di singole e separate anime? Tutti quanti noi ci siamo trovati nel luogo giusto al momento opportuno (nello spazio cosmico infinito) per poter godere della nostra esperienza terrena? Se viviamo come esseri più evoluti (e versatili) sulla Terra non dobbiamo soltanto ritenerci fortunati (e scaltri) ma dobbiamo rispettare e rispettarci! Stiamo cercando di andare (o tornare) su altri pianeti (come Marte) perché? Forse perché a breve Gaia morirà e con essa tutti gli organismi che la popolano? La Terra è popolata da esseri viventi che coesistevano in armonioso equilibrio da quattro milioni di anni; l'uomo "moderno" (strutturalmente uguale a noi; non mi riferisco all'"homo sapiens") ha fatto la sua comparsa duecentomila anni fa e negli ultimi secoli (soprattutto nell'ultimo) è quasi riuscito a compromettere l'ecosistema (e non solo)! Manca pochissimo... e "ci siamo"! Cosa abbiamo fatto per evitare che la Terra diventasse sempre più invivibile? Invece che abbiamo fatto in mezzo secolo noi esseri "superiori" per alterare gli equilibri che Gaia ha creato in milioni di anni? Giusto per dirne una, quante volte abbiamo badato a futili criteri estetici assolutamente non funzionali (che non adempiono nessuna funzione utile) e che hanno contribuito al deterioramento del mondo? Quante volte sono state prodotte cose che promettono certi risultati, tutt'altro che garantiti, le quali in realtà servono solo a far guadagnare in maniera disonesta certi "furbi" a discapito di molti (direi troppi) ingenui. Ad esempio, da studi scientifici e test effettuati sugli svariati repellenti sonori (sonici, subsonici e ultrasonici) di insetti risulterebbe, a quanto dichiarato da svariati scienziati e medici, che non avrebbero alcuna efficacia e che comprarli equivarrebbe a buttare denaro (e a contribuire alla distruzione del nostro habitat, quindi a sprecare risorse di gran lunga più preziose dei soldi). Oggetti, come tantissimi altri, che vengono prodotti ad esclusivo scopo di lucro. Pensiamo anche all'immensa varietà di "spinner" e ad altri tipi di antistress. Mi viene in mente l'enorme uovo di Pasqua, non commestibile, prodotto esclusivamente a scopo decorativo. Quanti altri inutili oggetti (privi di concreta funzionalità) sono stati prodotti? E vogliamo parlare della subdola obsolescenza programmata ottenuta realizzando gli oggetti, i dispositivi, ecc. con plastiche gommate (e non solo in quel modo, anche tramite software che causa l'avaria dopo un tempo prestabilito oppure con l'aggiornamento automatico del firmware con uno bacato che guasta l'hardware, ecc.) che durano poco o ancor meno? Oppure dell'infinità di contenitori antiecologici non riutilizzabili e spesso neppure riciclabili? Ci sono contenitori con triplo strato (carta, alluminio e plastica) che sono un'apprezzabile invenzione ma come si riciclano? Non sarebbe meglio utilizzare esclusivamente dei materiali omogenei, totalmente riciclabili e magari, innanzitutto, anche riutilizzabili per parecchio tempo? Tra tutte le forme di contenitori che si possano concepire il miglior rapporto tra contenuto e contenitore lo danno le figure semplici come la sfera, il cubo e il cilindro (pari a D/6 per tutti e tre i citati solidi, dove D è la dimensione in profondità ma pure in larghezza e anche in altezza; tutti e tre gl'ingombri di ciascun solido scelti arbitrariamente uguali, dunque anche l'altezza del cilindro preso in considerazione è pari a D) il quale migliora ulteriormente all'aumentare del volume. Chiaramente la sfera non è stabile (rotola) quindi dovrebbe essere appiattita alla base (magari cilindrica) e per una maggiore compattezza (migliore possibilità di stoccaggio, minimizzando l'ingombro e soprattutto gli spazi vuoti) dovrebbe essere appiattita anche ai "lati" (cubicizzandola) e per ottimizzare il rapporto contenuto-contenitore dovrebbe essere allungata in altezza. Insomma i contenitori dovrebbero avere tutti una forma ottimizzata e col tappo ridotto al minimo. In definitiva risultano ottimali i parallelepipedi (preponderanti in altezza) con gli spigoli leggermente arrotondati. Più grande è il contenitore minor impatto ha il tappo (purché sia minimale e resti tale anche su contenitori maggiori). Oltretutto dovrebbero essere più diffusi i centri di riempimento e soprattutto la giusta mentalità e le sane abitudini della gente. C'è una vastissima serie di bottiglie (in PET, PE o PVC) fatte come borracce, piene di bevande varie (energizzanti, integratori o altro), sugli scaffali dei supermercati, ma quanti ciclisti, escursionisti, ecc. ne hanno veramente bisogno? Non hanno già la loro borraccia? Personalmente non ho mai visto quelle bottiglie/borracce sulle bici. Quanto inutile spreco e dispersione di plastica con quei tappi? I pesci ringraziano...

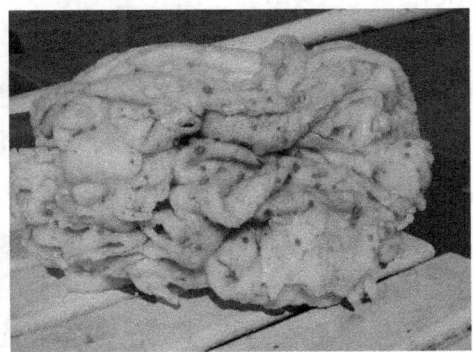

Il mare è la pattumiera della gente. Pezzo di residuo industriale di plastica.

"CIVILIZZAZIONE", PROGRESSO E LORO DANNI

In realtà qualunque cosa faccia l'essere umano, danneggia il mondo, ossia la propria casa, seppur minimamente ma il più delle volte abbondantemente, gravemente e talvolta irreversibilmente. Fermi dove siamo in questo istante, guardiamoci intorno e ragioniamo su tutto ciò che vediamo, senza tralasciare nessun oggetto e chiediamoci di ogni cosa che osserviamo se si tratta di qualcosa assolutamente indispensabile o almeno che abbia un minimo di utilità funzionale. Quello che scopriamo è assurdo, vero? Tanto, direi troppo, di ciò che ci circonda ha fini puramente estetici ovvero, a parte "soddisfare" la "sete" o, se preferiamo, la "fame" di "gusto", sono serviti a contribuire al surriscaldamento globale, a inquinare acqua (anche laghi, fiumi e mari) potabile o utile a tanto altro, a inquinare il terreno, a rendere tossiche le piante, ad avvelenare animali, a inquinare l'aria, a far ammalare di nuove malattie e a far morire o addirittura estinguere specie viventi (non solo animali ma anche vegetali)! Poi c'è chi si meraviglia di un tubetto di dentifricio (vuoto) ritrovato nel terreno, rimasto perfettamente integro dopo più di 24 anni (dalla sua uscita di produzione). Mamme incoscienti che si rifiutano di utilizzare i pannolini lavabili moderni per chissà quale stupido motivo, ignorando che tutta quella plastica se la ritrovano nell'ambiente i loro e i nostri discendenti (figli, nipoti, ecc.). Buttiamo via i rifiuti ma dove? Restano sul nostro pianeta (comunque sarebbe ancor più stupido inviarli su un altro pianeta o nello spazio). Minimizzazione di uso (quindi di produzione) e di spreco, riutilizzo e scrupoloso e corretto riciclo sono assolutamente indispensabili! Quanti nostri cari amici e parenti sono deceduti precocemente a causa di un cancro? Potevamo evitarlo? Perché non ci abbiamo pensato prima, magari in fase di concepimento di quell'idea "innovativa" e "rivoluzionaria" (altamente inquinante e addirittura tossica)? Mettiamo la porta blindata dopo che ci hanno derubato? Abbiamo dato una notevole accelerata al progresso scientifico e tecnologico ma è stato un bene o sarebbe stato meglio progredire più lentamente? Quanti prodotti vengono "lanciati sul mercato" (per fortuna non materialmente, altrimenti ci sarebbero morti e feriti in più), pubblicizzandoli fino alla nausea quindi venduti in gran quantità con abili strategie di marketing che non servono ad altro che a far arricchire ulteriormente, molto oltre misura (di gran lunga più del necessario per vivere nell'agio e nel lusso) quegli ultramiliardari assetati di denaro e "potere"? Aspirano a cosa o a chi? A essere "Dio"? Forse sono già Dei...? Sono dei Di'e strunz'? Sono e resteranno comunque dei comuni mortali, con cinque limitatissimi sensi (a differenza di tantissime specie di animali che hanno qualche senso molto più sviluppato), che si ammalano e muoiono! Come tutti, sono di "passaggio"! Sono stati "fortunati" (e non solo) a nascere nella loro condizione e situazione di esseri umani (o disumani) ma se un giorno dovessero riuscire a rinascere (è una possibilità remota ma concreta a giudicare dalle dichiarazioni in stato d'ipnosi regressiva di molte persone) magari in un altro tipo di organismo, sarebbero contenti di ciò che hanno fatto nella loro vita precedente? Qualcuno di loro potrebbe essere anche razzista o detestare qualche altro individuo (forse solo perché ritenuto "sfigato"). Se dovessero rinascere in una famiglia attualmente a loro "antipatica" come la prenderebbero? Quell'individuo (riferendoci alla sua anima) tanto detestato potrebbe essere stato in una vita precedente quell'avo che ha reso possibile la sua nascita (e forse pure il suo agio). Ora è odiato? Perché? Se rinascesse nella sua famiglia continuerebbe a non stimarlo? Un "bianco" razzista nei confronti dei "neri" (per esempio), rinascendo "nero" come la prenderebbe? In passato tanti (troppi) ritenevano "inferiori" determinate razze, con quale criterio? Qualcuno attualmente continua ad avere una mente così primordiale da discriminare altri individui? Perché essere razzisti? Perché non "amare" (o almeno rispettare) il prossimo come se stesso? Il rispetto per tutto ciò che ci circonda, animato o inanimato che sia, non significa anche rispettare se stessi? Riferendoci banalmente al lasciar cadere a terra in un posto qualunque un piccolo rifiuto (magari riciclabile se non addirittura riutilizzabile prima dell'effettivo termine del suo ciclo di vita, quindi solo alla fine da mettere in riciclo) cosa stiamo facendo? Ci stiamo rispettando? In quali condizioni abbiamo trovato il nostro pianeta, la nostra effettiva "casa"? Perché non lasciarlo nelle stesse condizioni di vivibilità? Ci rendiamo conto dell'incantevole splendore del nostro pianeta "blu" e del fatto che lo stiamo modificando irreversibilmente in peggio? Questo anno quante allerte meteo ci sono state? Quanti danni? In quanti luoghi? E l'anno scorso? L'anno prima? In passato capitavano? Dunque stanno aumentando? L'espressione "bomba d'acqua" quando è stata pronunciata per la prima volta? In vari luoghi in un sol giorno è precipitata la quantità d'acqua (pioggia) che cadeva in un mese! E i venti a che velocità massima arrivano a soffiare? Quanto frequentemente ci sono venti molto forti o fortissimi (escludendo la Bora a Trieste)? Quanto grandi sono i chicchi (sassi) di grandine? Come in passato? Ogni anno in qualunque parte della Terra dichiarano che l'anno appena concluso è stato il più caldo di sempre. Stanno "scoprendo l'acqua calda"? Se il pianeta si sta riscaldando è ovvio che ogni anno è il più caldo di tutti i precedenti, ovunque! Il peggioramento non è graduale bensì progressivo (leggasi esponenziale). Ci stiamo preparando per colonizzare Marte ma non sarebbe meglio impegnarsi tutti il più possibile per recuperare un mondo (Gaia, la Terra, il nostro pianeta blu) malandato, non ancora moribondo, e tantomeno defunto, piuttosto che resuscitare un pianeta "deceduto", o quantomeno "malato terminale", come Marte? È vero che anche Gaia dovrà morire, ma perché anticipare notevolmente i tempi? Ci penserà il Sole a distruggere ciò che in fondo gli appartiene. Quindi è certamente conveniente trovare, nei dovuti ampi tempi, la "via" per trasferirci su altri pianeti adatti a noi, in altri sistemi stellari, ma non dev'essere un tentativo di fuga disperato, obbligato dalla nostra stupidità! È vero che bisogna fare un passo alla volta, quindi cominciare riuscendo a colonizzare un pianeta vicino (come Marte) ma successivamente ci vorranno tecnologie molto più avanzate per poter uscire dal sistema solare poiché gli altri pianeti del nostro sistema non sono adatti alla nostra colonizzazione. Ci vogliamo dare il tempo, con l'indispensabile, ponderata e

57

saggia gradualità, in modo da rispettare Gaia, per arrivare alle tecnologie necessarie? Abbiamo inconsciamente voglia di estinguerci ed estinguere? Istinto suicida o autodistruttivo menefreghismo? Oppure siamo semplicemente poco razionali (per non dire assolutamente stupidi) o pazzescamente ingenui? Pensiamo a sufficienza prima di fare qualunque cosa? Valutiamo tutti gli aspetti? Come dico io: dobbiamo assolutamente sempre ragionare multidimensionalmente ovvero non solo considerando le tre dimensioni spaziali e il tempo ma cambiando anche punto di riferimento e prospettiva, traslando l'origine degli assi (non inteso come tipi "in gamba" ma quelli cartesiani, magari monometrici e ortogonali) e ruotando in tutte e tre i modi il sistema di riferimento cartesiano monometrico ortogonale! Che significa? In parole povere (for dummies): dobbiamo proiettare i nostri ragionamenti e le nostre idee nel tempo ponendoci pure al posto degli altri e dunque adeguare le nostre azioni (non mi riferisco a quelle bancarie).

Vento forte…

Altri danni del vento forte…

La spiaggia è la pattumiera del mare.

Alghe! Ammaliamo il mare ed esso ce lo fa capire.

Schiume! Ciò che riversiamo in mare ci viene restituito.

MARTE

Parlando del "pianeta rosso", se riuscissimo a ricreare un habitat completo anche se minimale, una modesta ma sufficiente catena alimentare (che nel corso di milioni di anni potrebbe molto probabilmente espandersi e diversificarsi, in condizioni di presunta e auspicata assenza di cataclismi, catastrofi globali, apocalisse, armageddon, pandemie, ecc.), un'atmosfera idonea alla vita, così com'è sulla Terra, chi sarebbe il "Dio" creatore del cielo, della terra, dell'umanità ("marziana") e di tutto il creato? I "marziani" non sarebbero fatti a nostra immagine e somiglianza? I giganti o gli antichissimi abitanti antropomorfi del nostro pianeta (dei quali sono stati trovati i resti e che potrebbero essere arrivati da "molto" lontano) potrebbero essere gli effettivi "creatori" (adattatori o adeguatori) del pianeta "blu" (attualmente ancora blu)?

Sul pianeta Marte è stata scoperta la presenza di microrganismi e di presenza d'acqua nel sottosuolo. Venne denominato "pianeta rosso" a causa della sua apparente colorazione rossastra, in realtà è molto meno rosso di quanto si creda, presenta un cielo alquanto azzurro (similmente alla Terra), ma essendo privo di abbondante ed diffusa acqua in superficie, non risulta di colore "blu" come la terra, oltretutto è priva di nubi, che non sono altro che acqua in sospensione nell'atmosfera, sotto forma di vapore. Ci sarà qualche gas nella sua atmosfera? Si, molto rarefatti (soprattutto un sottilissimo strato di anidride carbonica). Niente acqua in superficie, niente correnti ascensionali non secche quindi niente nuvole (soltanto ghiaccio ai poli e nel sottosuolo basaltico). È sempre stato così? Perché pur essendoci vita microbiologica non si sono sviluppati organismi più "grandi"? Nei nostri deserti non mancano gli esseri viventi non microbiologici di varie specie. Si avanzano varie teorie che ipotizzano la presenza di esseri viventi più grandi in un passato molto remoto. In realtà non possiamo affermarlo con certezza finché non troviamo delle prove schiaccianti tipo i fossili. Ci sarebbe dovuta essere abbondante acqua in superficie per sviluppare vegetazione e tutto il resto. C'era in tempi remoti? Che fine ha fatto? I microrganismi di cosa si nutrono? Qual' è la loro origine? Ovviamente un microrganismo ha bisogno di ridottissime risorse per sopravvivere al contrario degli esseri viventi più grandi. Mercurio e Venere sono troppo vicini al Sole per essere abitabili (troppo caldi) mentre Marte è un po' troppo lontano e quindi freddo ma non è sempre stato così. Miliardi di anni fa il Sole era molto più caldo e ad essere invivibile era la Terra mentre Marte potrebbe aver avuto tutte le condizioni idonee per lo sviluppo di un ecosistema globale e complesso, quindi anche acqua in abbondanza (ricoprente almeno il 20% della superficie) e vegetazione. Che fine ha fatto tutto ciò? Si suppone che in passato le esplosioni solari fossero molto più abbondanti di oggi e considerando anche la quasi totale perdita del campo magnetico marziano, è lecito dedurre che l'atmosfera di Marte venne sottoposta a una forte riduzione degli elementi che la componevano. Dunque anche l'acqua allo stato gassoso veniva spazzata via dai venti solari (conseguenza dei brillamenti) in un ciclo ripetitivo che giungeva a ridurre drasticamente la presenza di acqua liquida su Marte man mano che questa passava dallo stato liquido a quello gassoso (o di vapore). Un'atmosfera secca fa evaporare più facilmente l'acqua. Riduzione di acqua implica desertificazione ed estinzione di tante specie viventi (animali e vegetali). Il resto lo hanno fatto le rocce basaltiche che hanno assorbito l'acqua rimanente che si è successivamente ghiacciata a causa dell'abbassamento della temperatura avvenuta nel corso di miliardi di anni dovuta al "raffreddamento" del Sole (un processo molto lento e graduale). Quindi dell'acqua, sotto forma di ghiaccio, è tuttora presente nel sottosuolo e ai poli. Gli asteroidi che spesso minacciano la Terra non hanno mai minacciato Marte? Il più delle volte no, grazie a Giove che ne ha deviato la traiettoria grazie al suo intenso campo gravitazionale, però su Marte c'è una vasta area che evidenzia un notevole numero di crateri da impatto degli asteroidi (più della Luna). Quindi come si ipotizza sia accaduto sulla Terra (anche se negli ultimi tempi c'è chi sta avanzando teorie ben diverse e inquietanti al riguardo), pure sul pianeta "rosso" ci può essere stata l'estinzione quasi totale degli esseri viventi a causa di qualche enorme asteroide? È una possibilità. E i rimanenti organismi viventi come sarebbero scomparsi? Se Marte fosse diventato gradualmente sempre più invivibile e privo di cibo la risposta sarebbe ovvia. Finora abbiamo pochi dati certi e tante ipotesi. La ricerca continua e magari non tarderemo a scoprire la verità. Certo che con una spedizione di un team qualificato (cosa su cui stanno seriamente lavorando) riusciremmo ad analizzare meglio e più celermente il pianeta "rosso". Dal 2014 la NASA aprì le iscrizioni per "imbarcarsi" con destinazione Marte. La partenza è già avvenuta il 5 maggio 2018 in seno alla missione InSIGHT (Interior exploration using Seismic Investigations, Geodesy and Heat Transport). Davvero? Non propriamente! È stato possibile inviare il proprio nominativo salvato su un microchip a bordo della sonda InSIGHT. La NASA per il 2033 ha in programma di portare l'essere umano su Marte e nel 2024 (9 anni prima) sulla Luna con l'intento di far restare delle persone sul nostro satellite. In pratica, dalla Terra, degli astronauti raggiungeranno la Luna per poi ripartire verso Marte. Frettolosi? Certo, perché dovrebbe accadere l'ultimo anno del secondo mandato di Trump. C'è ragione di credere che non riusciranno a rispettare le scadenze per via dei ritardi nello sviluppo del sistema di lancio orbitale pesante "Space Launch System". Per raggiungere la Luna bastano 3 giorni, mentre per il pianeta "rosso" ci vogliono circa 6 mesi sfruttando la minima distanza tra Terra e Marte la quale si ha ogni 26 mesi circa ovvero nel 2031, nel 2033 e via dicendo, perciò le missioni su Marte sarebbero possibili con cadenza poco più che biennale. Ci sono i fondi? No! Sarebbe meglio stanziarli per mettere a punto delle tecnologie per evitare di farci colpire da qualche asteroide. A tal riguardo sono state pensate e studiate tante strategie. A mio modesto parere sarebbe meglio usare più strategie insieme. Quando si tratta di un asteroide di grandi dimensioni che effettivamente potrebbe essere in rotta di collisione con la Terra, si dovrebbe prima deviarlo e una volta superata la Terra si dovrebbe sbriciolarlo il più possibile. Distruggerlo prima significherebbe farci colpire da una raffica di frammenti minori anziché da un unico asteroide. Come deviarlo? Varie idee, tutte apparentemente valide (esplosioni nucleari controllate alla giusta distanza dall'asteroide; razzo vettore sulla superficie dell'asteroide; raggio laser; ecc.), sono state concepite dagli "addetti ai lavori" però se non iniziamo a sperimentare la loro efficacia non troveremo mai la soluzione migliore al problema. Ci preoccupiamo troppo di tante cose meno importanti e poco di quelle per garantirci realmente la sopravvivenza.

Tornando al discorso Marte, trovo presuntuosa l'idea di Elon Musk di portare sul pianeta "rosso" un milione di umani entro il 2050, ossia sfruttando i 14 periodi (brevi) propizi (con distanza minima tra la Terra e Marte). Oltretutto la poca acqua presente sembra proprio che stia diminuendo ancora (ovvio, con un campo magnetico blando), dispersa nello spazio a causa dei "venti" solari. Come riusciremmo a ripristinare il campo magnetico, l'atmosfera marziana e un quantitativo d'acqua allo stato liquido sufficiente per soddisfare i bisogni dei colonizzatori? L'acqua la trasferiremmo dalla Terra? Evidenzio che la temperatura minima raggiunta su Marte è di circa -100 °C (meno cento gradi Celsius o centigradi). Non riusciamo (o non vogliamo realmente o non ci impegniamo abbastanza?) a ridimensionare (diminuire) la temperatura media terrestre di 1/2 °C e pretendiamo di aumentare di varie decine di gradi centigradi le temperature tipiche (massime e minime delle varie zone) di Marte? Come potremmo mai riuscire in trentuno anni, ossia con 14 missioni (oppure 28, 42 o al massimo 56 se eseguite a gruppi di 4 nello steso periodo favorevole) a trasportare materiali, mezzi, persone e tutto quanto necessario per colonizzare concretamente, efficacemente (e non dico efficientemente e in maniera ottimizzata) il pianeta "rosso"? Il problema temperature come lo risolveremmo? Davvero siamo in grado di modificare le condizioni climatiche marziane? Perché non modifichiamo quelle terrestri? Il progetto non sembra essere solo ambizioso ma quantomeno estremamente ottimista. Forse il problema sul pianeta blu è proprio l'eccesso di ottimismo? Siamo convinti che non avremo problemi con l'aumento della temperatura media terrestre? I problemi climatici che stiamo vivendo, che s'intensificano sia in frequenza che in intensità, sono una semplice avversa casualità temporanea come quella del 1816 (anno in cui le temperatura su gran parte del nostro pianeta furono tra -10°C e -20°C anche d'estate a causa di svariate eruzioni vulcaniche avvenute in varie parti della Terra che impedirono, con i fumi e le ceneri in sospensione nell'atmosfera, ai raggi solari di scaldare Gaia)? Quanti umani sono già morti a causa del clima "pazzo"? È il clima ad essere "pazzo"? Senza parlare dei danni materiali (case crollate, auto irrecuperabilmente danneggiate, ecc.) che sono di secondaria importanza se non per chi si preoccupa soprattutto (se non esclusivamente) delle spese, del proprio patrimonio, del conto in banca... Sentiamo affermare: "in un sol giorno è caduta la pioggia di un mese". È normale? I venti con intensità pari a molte decine di chilometri orari (a volte superano i 100 Km/h), sempre più frequenti e diffusi, sono normali? Quante volte ci sono stati in passato venti così forti? Escludendo alcune località dove sono tipici, in tante altre zone non si erano mai "visti"! Dobbiamo agire, tutti! Sulla Terra l'acqua, in generale, è ancora abbondantissima (per la "fortuna" di chi ne può usufruire sempre) ma a molte persone manca in certi giorni o in alcuni orari. Quella potabile direi che scarseggia, in tante case è indispensabile un filtro depuratore senza il quale bere sarebbe addirittura pericoloso per la salute. L'acqua, seppur non potabile, non è sempre disponibile a sufficienza per tutti, ci sono ampie e diffuse zone aride dove manca anche l'acqua non potabile. Ne facciamo un uso ponderato e giudizioso? A me non sembra! Così come sprechiamo altre risorse (energia elettrica, metano, carbone, ecc.) anche con l'acqua non economizziamo abbastanza. È necessario che ci diamo una regolata sull'uso di qualunque risorsa (acqua compresa)! Impegniamoci ad usare senza abusare! Anche gli sprechi contribuiscono al riscaldamento globale! Ricordiamoci sempre che i cambiamenti climatici sono diretta conseguenza del riscaldamento globale! La progressiva desertificazione la vogliamo trascurare? È un problema che non riguarda noi? Dove abitiamo il problema non sussiste? Sarà sempre così? Forse grazie ai cambiamenti climatici avremo il problema inverso? Verranno sommerse dal mare ampie zone costiere? Quindi dovremo dire addio alla nostra casa al mare? Chi aveva scelto la casa in collina si ritroverà ad avere la casa al mare? Certamente, se continuiamo così! Successivamente la temperatura diventerebbe (o diventerà?) insopportabile con ovvie conseguenze e molto tempo dopo ci sarà una nuova era glaciale e tutto ricomincerà senza noi (per la fortuna di Gaia? Perché forse siamo il suo "tumore"?) con nuovi esseri viventi... tutto nuovo e chissà se con una specie più versatile (come quella umana) rispetto alle tante altre ma più giudiziosa di noi. Mi chiedo come possa essere la morte dei granchi brasiliani (caranguejos) che muoiono, quelli in età adulta quasi sempre, cotti vivi in pentola. Noi potremmo fare una fine simile ma cotti al vapore (senza pentola). Potrebbe capitare ai nostri figli o comunque ai nostri discendenti e non a noi? Il solito ottimismo del ca...volo! O si tratta di egoismo del diavolo? E se fossimo destinati a rinascere, come desidereremmo il nostro habitat?

MOTORE A CURVATURA

Abbiamo appena iniziato a fare esperimenti di alterazione della "curvatura" dello spazio cosmico. Esiste già qualche prototipo di motore che prometterebbe di raggiungere velocità elevatissime (anche prossime a quella della luce), ma ci vorrà ancora del tempo prima di poter affermare che si tratta di scienza e non fantascienza (vedi motore fotonico, motore al plasma, motore ad antimateria, motore ionico, motore EmDrive, motore a propulsione elicoidale, motore ad annichilazione, ecc.). Per essere riconosciuti come scoperta scientifica devono essere valutati corretti i risultati e riprodotti in tempi e luoghi diversi da gruppi di scienziati differenti. Avremo il tempo per farlo o ci estinguiamo prima?

Ci stiamo impegnando tutti a sufficienza per impedire l'autodistruzione nostra e di tutto l'ecosistema?

VELOCITÀ MASSIMA RAGGIUNTA

Il Parker Solar, la sonda che orbita intorno al Sole, lanciata per studiarlo, è l'oggetto più veloce che l'uomo abbia mai costruito. È riuscita a raggiungere la velocità di 343000 Km/h. È davvero così? In realtà la sua velocità massima raggiunta è enormemente superiore perché la predetta velocità calcolata è una velocità relativa (al nostro pianeta) con l'origine del sistema di riferimento fissato sulla Terra ma non trascuriamo il fatto che la nostra Galassia, la "Via Lattea" (e tutto ciò che la compone, quindi "Terra" inclusa) si calcola che si muova a circa 600 km/s rispetto al riferimento dato dalle galassie circostanti, dunque la Terra compirebbe uno spostamento nello Spazio di 51,84 milioni di chilometri al giorno, ossia più di 18,9 miliardi di chilometri all'anno (circa 4,5 volte la distanza minima da Plutone). Tale velocità sarebbe da aggiungere a quella misurata (calcolata) rispetto al nostro pianeta della sonda Parker Solar.

MENTE E ANIMA

Osservando persone apparentemente quasi vegetanti, non diremmo mai che sono in grado di pensare (e ragionare), a volte meglio di altri. Abbiamo avuto l'esempio eclatante di Stephen Hawking. A guardarlo al culmine della sua malattia neurodegenerativa (la SLA: Sclerosi Laterale Amiotrofica), sembrava vegetasse invece era perfettamente in grado di ragionare e, grazie alle tecnologie informatiche, comunicare con chiunque. Il suo cervello si era danneggiato solo nella parte che governa il corpo e la parte pensante era rimasta intatta oppure il pensiero non dipende dal cervello ma è qualcosa che riguarda l'anima? È capitato tante volte che persone decedute e dichiarate tali sono, poco dopo, resuscitate descrivendo particolari dettagli di altre persone o cose che non potevano conoscere perché situate nel contempo in altri ambienti, oltre al racconto della loro esperienza post-morte che corrisponde puntualmente, quasi esattamente, a ciascun altro di quegli analoghi e geograficamente e/o cronologicamente remoti casi. Conosco personalmente una persona che quando ebbe un grave incidente vide se stesso da alcuni metri, esternamente, al di sopra del suo corpo e poco dopo è tornato in vita. Questi individui se hanno potuto raccontare tutto ciò che hanno visto e sentito, allora l'anima sarebbe in grado di vedere (senza occhi), ascoltare (senza orecchie) e memorizzare (senza materia grigia). Il cervello non si deteriora irreversibilmente dopo circa cinque (o poco più) minuti? Dopo quanti minuti i medici dichiarano deceduta una persona? Come possono essere tornati in vita dopo un "lungo" periodo di morte godendo di un cervello ancora integro, quindi potendo raccontare la loro esperienza? Miracolo oppure morte apparente? Sono stati analizzati un gran numero di casi di effettiva o presunta reincarnazione. Alcuni aspetti (frasi dette, cose viste, azioni compiute, esperienze vissute, ecc.) di una parte di quei casi sembrano confermarne l'autenticità. Le persone con qualcuno di quei morbi che le rende incapaci di coordinare i movimenti, anche della bocca, quindi privi della capacità di conversare e di comunicare a gesti, sembrerebbero anche incapaci di ragionare ma è davvero così? Potrebbero in realtà ragionare come chiunque altro e non riuscire ad esprimere ciò che pensano? Ci sono persone "down" che hanno potenzialità intellettive analoghe se non superiori a tanti individui "normali". Strano? Però assolutamente vero! Alcuni autistici evidenziano comportamenti poco "normali" eppure hanno una capacità di calcolo e di memorizzazione superiore alla media, a volte di gran lunga. Caratteristiche del loro cervello o della loro anima? I geni (persone geniali, non i costituenti del genoma ovvero del DNA) generalmente nascono da genitori con quoziente intellettivo pressoché nella media. Pura casualità, errore "fortunato" di fusione dei cromosomi oppure anime "illuminate"? Ad esempio, Mozart era un genio della musica (iniziò a comporre all'età di sei anni) ma i suoi genitori non ne capivano granché di musica; di esempi, riguardanti i più disparati settori, ne potremmo fare tanti altri. Da indagini curate dalla CIA (agenzia di spionaggio civile del governo federale statunitense che rivolge le sue attività all'estero: Central Intelligence Agency; in italiano letteralmente: Agenzia d'Informazioni Centrale) su degli studi ed esperimenti condotti in Cina (dai cinesi) su persone con presunte o effettive facoltà ESP (Percezioni Extra-Sensoriali) sarebbe risultato che il cinese Zhang Baosheng riuscirebbe a spostare oggetti (in particolare pezzi più o meno piccoli di carta) contenuti all'interno di qualcosa tipo armadietti o contenitori. Anche su esperimenti di Remote Viewing (visione a distanza) sono stati evidenziati casi di persone che sembrerebbero in possesso di tale capacità. Come ci riuscirebbero? Dato per vero che le anime sono in parte esterne agli esseri viventi e consistono di una grande energia (come precedentemente accennato) risulterebbero concepibili e spiegabili quelle capacità. Quegli individui, in tali ipotesi, sono in grado di utilizzare la parte di anima (energia) esterna riuscendo ad estenderla fin dove vogliono e a "vedere" o spostare cose da "lontano", senza usare alcuna parte del corpo. Loro potrebbero essere terminazioni (dell'unico e infinito essere vivente di cui si parlava e del quale "tutti" faremmo parte) maggiormente radicate al tutto? Quindi più "potenti"?

IL POTERE

Siamo immortali? Non ci ammaliamo? Quanti sensi abbiamo? I nostri sensi sono sviluppati più di quelli di qualunque altro essere vivente? Vediamo tutte le "luci"? Ascoltiamo tutti i "suoni"? Percepiamo tutti gli odori e tutti i sapori? Distinguiamo tutti i materiali e le superfici col tatto (senza guardare)? Siamo "Premi Nobel"? Facciamo miracoli? Possediamo tutto il cosmo? Quanto siamo intelligenti? Quanto siamo forti? Quanto siamo scattanti, agili e veloci? Quanto siamo belli (interiormente)? Siamo in grado di riparare i danni che abbiamo fatto? Riusciamo a fare il bello e il cattivo tempo? Possiamo evitare i terremoti, gli tsunami, gli uragani, ecc.? Sappiamo evitare l'estinzione globale? Possiamo deviare la collisione di un asteroide (come quello che potrebbe aver causato l'estinzione dei dinosauri)? Che "potere" abbiamo? Quanto "grande"? Il potere che ci potremmo attribuire, che scaturirebbe dai nostri possedimenti e/o dai nostri ruoli, è pura illusione transitoria! Terminato il ciclo di vita, esisterà ancora il concetto di "potere"? Meditiamo gente e abbassiamo la "cresta" o, se preferite, chiudiamo la "ruota"!

LA REINCARNAZIONE

Da quanto osservato e analizzato in seguito ai racconti di svariati bambini (e non solo), a partire dai trentacinque mesi di vita (circa), tali bambini hanno ricordato e raccontato particolari complessi, accurati e dettagliati della loro precedente esistenza. I loro racconti successivamente verificati si sono dimostrati fondati, consistenti, congrui con la vita passata d'individui realmente esistiti e precedentemente deceduti (tempo prima della loro nascita).

Precisi particolari che non potrebbero essere coincidenti per caso. Ciò dimostrerebbe non soltanto che la reincarnazione sarebbe una delle possibilità ma anche che la memoria non sarebbe una proprietà del cervello bensì di qualcosa non appartenente alla materia grigia, qualcosa di esterno o comunque avulso. Certo che riuscire a reincarnarsi nuovamente in un umano sarebbe come vincere per due volte di seguito alla lotteria. La cosa più incredibile sarebbe riuscire a reincarnarsi come discendente (nipote) come sembrerebbe essere accaduto a Sam Taylor. Invito ad approfondire. Dunque non sarebbe un accadimento casuale? Chi deciderebbe se, quando, dove e in quale essere reincarnarsi? Siamo noi stessi che cerchiamo e in rare occasioni riusciamo a condizionare tutto ciò? La reincarnazione potrebbe essere possibile solo nel regno animale oppure anche in quello vegetale? I vegetali non hanno l'anima? Hanno il DNA, nascono, crescono, invecchiano, eventualmente si ammalano e non hanno un'anima? Perché hanno la tendenza a crescere verticalmente? C'è una mera e pura spiegazione chimica e/o fisica oppure scelgono di minimizzare le tensioni strutturali, quindi lo sforzo? I rami non crescono in verticale perché le foglie devono captare la luce il più possibile? Estendendosi lateralmente riescono meglio nell'intento o no? Quindi anche questa potrebbe essere una scelta razionale e ponderata? Potrebbe essere che ignoriamo ingenuamente che le piante posseggono un'anima così come trascuriamo che quegli esseri viventi che ci infastidiscono (come gli insetti, i topi, i serpenti, ecc.), vivono, soffrono, cercano di sopravvivere e che spesso uccidiamo, hanno un'anima? Sarebbe pure possibile "reincarnarsi" in una pianta (non necessariamente carnivora)? No, perché le piante non possono provare dei sentimenti? Siamo assolutamente sicuri? In base a quali prove scientifiche inconfutabili? Quando abbandoneremo il nostro corpo smetteremo di provare dei sentimenti? Chi da vivo prova il sentimento d'invidia, dopo chi invidierebbe e perché?

GENOMA, ALIENI, UFO...

Il DNA delle scimmie sembrerebbe essere almeno per il 95% molto simile (sarebbe azzardato dire quasi uguale e tantomeno identico) a quello umano. Perché in tanto tempo che esistono non hanno fatto progressi scientifici e tecnologici come l'"homo sapiens sapiens" (noi, ancora più "sapienti" dell'"homo sapiens")? Proprio quella porzione differente riguarda le caratteristiche indispensabili per il progresso? L'uomo per la maggior parte del tempo, dopo la sua comparsa sulla Terra, non ha realizzato granché, ad un certo punto ha cominciato a realizzare di tutto in ogni settore e nell'ultimo secolo ha dato un'accelerata straordinaria e stupefacente (a mio avviso pure eccessiva per poter riuscire a mantenere la simbiosi con la natura). Si sono modificati quei geni responsabili di questo cambiamento cerebrale? Se osserviamo bene altri animali, ed esempio i cani o i gatti (tanto per considerare degli animali che sono facilmente e frequentemente sotto l'attenzione di tutti noi), notiamo che hanno delle ottime capacità intellettive. Cani addestrati sanno fare una miriade di cose, ad esempio sanno salvare una persona che sta affogando. I gatti, all'occorrenza, aprono porte, ante e cassetti (tiretti) senza che qualcuno glielo abbia spiegato. Perché non hanno fatto i nostri stessi progressi? Sono apparsi dopo di noi e non hanno avuto abbastanza tempo? Intanto manca loro una caratteristica fisica indispensabile: le mani prensili. Quindi non hanno seguito un percorso evolutivo che gli permettesse di far tutto. In natura esistono un certo numero di specie animali con mani prensili che non hanno fatto progressi tecnologici. Cos'altro manca? Una forma di comunicazione versatile, complessa, ben articolata e completa? In realtà gli animali comunicano, anche con i gesti, siamo noi che non riusciamo a capirli ma tra pari specie lo fanno. Forse anche tra specie differenti a volte riescono a comprendersi. Sarà una comunicazione troppo rudimentale e semplificata per poter trasferire idee, ragionamenti, nozioni e sapienza? In fondo, ci sono queste cose alla base dell'evoluzione scientifica e tecnologica, oltre alle sperimentazioni. Da un'idea segue un esperimento che la realizza, la concretizza e conferma o meno la sua validità. A volte le scoperte avvengono per caso ma devono comunque poi essere comprese e riprodotte. Tipo ciò che accade con l'interazione tra le onde longitudinali (sulle quali Nikola Tesla ha tanto lavorato dedicandogli quasi tutta la vita) e i campi elettrici di grande intensità, che mostra risultati tanto stupefacenti quanto incomprensibili (inizialmente). Fusione tra materiali eterogenei (tipo legno e metallo insieme), fragilizzazione o sfaldamento dei materiali e (teniamoci forte) annullamento o inversione dell'attrazione gravitazionale. Quindi generare antigravità non solo è possibile ma ci siamo già "inciampati" per caso. Infatti in realtà sono già stati prodotti da tempo vari velivoli (tipo il "TR-3B Aurora" che dovrebbe essere l'ultimo o comunque uno degli ultimi) con tecnologia antigravitazionale. Ogni tanto si parla di avvistamenti UFO, di forma triangolare, e si attribuisce la loro paternità (o maternità) agli alieni ("grigi", "rettiliani", "pleiadiani", "nordici" o chissà quali) ma si tratta, anche se quasi tutti ignorano, di prodotti umani. V'invito ad approfondire... È chiaro che chi non sa crede che siano astronavi aliene, vedendo tali strani "UFO" che, si dice, sarebbero in grado persino di andare sulla Luna e tornare in tempi ben contenuti, quindi di volare a incredibile velocità a dir poco strabiliante (di gran lunga superiore a quella degli aerei tradizionali) e di fermarsi, di stazionare in volo (hovering), e di accelerare bruscamente in modo insopportabile (mortale) per un qualunque pilota. Un tale velivolo da chi è pilotato? Credo che non ci sia nessuno a bordo. Probabilmente è una sorta di drone a pilotaggio remoto e semi-autonomo che compie le sue missioni eseguendo delle istruzioni prestabilite, modificabili o aggiornabili a distanza in qualunque momento. Tutta quella tecnologia da dove è spuntata fuori? Hanno portato avanti gli esperimenti e gli studi di Tesla oppure è frutto di retroingegneria (come afferma Bob Lazar) di autentici dischi volanti di origine extraterrestre (dei famosi "grigi")? La verità è appannaggio di pochi che non possono e non devono parlare (pena la morte, come è già accaduto in diverse occasioni). Già è tanto (troppo) quello che si sa (in giro) sui velivoli di ultimissima (o quasi) generazione.

Tornando al discorso UFO, ci sono un'infinità di foto, video, racconti, documenti, antiche sculture o dipinti... che evidenziano (non dico dimostrano in modo inequivocabile e indiscutibile) la probabilissima esistenza nonché presenza (da "queste parti", a "portata di mano") degli alieni. L'idea dei Collagua del Perù (a Paracas) di deformare i crani dei loro nascituri come e perché l'hanno avuta? Il DNA mitocondriale (eredità della madre) analizzato dai crani allungati presenta mutazioni incongruenti a qualunque uomo, primate o qualsiasi altro animale e evidenziano di avere a che fare con un essere umano nuovo, molto differente da Homo Sapiens, Neanderthal o Denisovans. Un ibrido con madre umana e padre alieno? Che nell'infinito spazio cosmico ci siano altre forma di vita, è una certezza (assoluta), è matematicamente (probabilisticamente) certo che non siamo soli, considerando che ogni stella (binaria oppure no) ha vari pianeti che orbitano intorno ad essa (di cui almeno uno vivibile da organismi biologicamente "simili" a quelli terrestri) e in una galassia ci sono miliardi di stelle (o anche più) e che nel cosmo esistono miliardi di miliardi... di miliardi di galassie (secondo la mia teoria sarebbero infinite). Piccola parentesi: rinascendo su uno di quei pianeti, vivremmo in tutt'altra situazione immersi in una realtà differente dalla nostra, perciò questo ci deve convincere che la nostra esistenza nelle nostre circostanze è preziosissima perché unica! Potevamo capitare meglio? Potevamo benissimo capitare peggio, molto peggio!

Continuando a parlare degli UFO e degli alieni, tanti "furbi" (per me furbo è chi non fa il "furbo") stanno lucrando in tutte le maniere possibili ed immaginabili sfruttando questo argomento quindi in giro si trovano anche una miriade di fake (falsi). Questo è grave perché comporta confusione e disinformazione. L'argomento UFO ed extraterrestri è uno dei più importanti di tutti i tempi e dovrebbe sempre essere trattato con la massima serietà e sincerità! Tante volte in buona fede si è convinti di aver avvistato un UFO ma in verità non è niente di ufologico. Soltanto in quei casi capisco e giustifico l'atto di disinformazione (o malinformazione). Più difficile è avere un "abbaglio" su un incontro ravvicinato del III o IV tipo o confutare un video (non postprodotto o artefatto ad HOC per lucrare) che mostra chiaramente qualcosa di inspiegabile: costruzioni sulla Luna non realizzate dall'uomo, oggetti volanti in volo stazionario che emettono una o più luci molto intense e costanti e che schizzano improvvisamente via a velocità elevatissime senza emettere alcun rumore... Interessantissime le conversazioni degli astronauti e i video nella NASA tenuti segreti per tanto tempo e che ora sono a disposizione del resto dell'umanità. Trapelate o volutamente divulgate? Autentiche o false? A che scopo istituire (e retribuire) il "Majestic 12" e altri enti che si prendono cura del fenomeno UFO? I "men in black" chi sono? Vengono pagati? Da chi? Perché? Se non ci fosse nulla di concreto riguardo gli UFO, esisterebbero degli organi governativi preposti per la raccolta e lo studio di materiale di origine extraterrestre? Certo è che sulla Luna sono state riprese cose incredibili tra cui anche qualche alieno in perlustrazione a piedi e astronavi aliene sul bordo di un cratere. Nello Spazio in continuazione vengono avvistati degli UFO (Unidentified Flying Object o Unknown Flying Object), nei cieli di tutto il mondo e, a volte, pure sugli aeroporti e nei mari, in immersione (gli USO = Unidentified Submerged Object o Unknown Submerged Object). Si ipotizzano basi aliene, non soltanto sulla Luna, ma anche in vari, ben diversificati, luoghi del nostro pianeta. Persino nel Mar Adriatico. Guardando alcuni video, come già affermato da vari ufologi, sembrerebbe che gli extraterrestri siano molto interessati alle nostre basi militarti e missilistiche, a volte sabotano o abbattono i missili con testata nucleare o ritenuti tali da loro. A detta di qualcuno, un grigio avrebbe affermato durante un "colloquio" (comunicando telepaticamente) che loro non sono affatto contenti e non tollerano l'uso che facciamo dell'atomo ossia gli esperimenti nucleari. Perché sarebbero tanto interessati alle nostre basi nucleari, alle testate e agli esperimenti atomici? Tengono alla nostra incolumità oppure alla loro? Non vorrebbero ritrovarsi con le loro colonie e basi terrestri in un ambiente contaminato e compromesso da un'eventuale guerra nucleare globale? Ci sono le tanto discusse, presunte o effettive, "basi aliene" (in realtà erano basi militari, almeno inizialmente, dunque terrestri) a Dulce in New Mexico (USA), L'"Area 51" nel Nevada (inizialmente chiamata "Nevada Test Site - 51"), quella in Antartide (segnalata inizialmente da un ex pilota militare del Antartic Development Squadron Sei o VXE-6, attualmente in pensione, pilotava un LC130; coordinate: -66°36'12.58", +99°43'12.72" o -66.603494, 99.720200 e -

66°33'11.56", +99°50'17.46" o -66.553211, 99.838183 quest'ultima ormai alquanto oscurata nelle immagini satellitari, pure male) e quella dentro uno dei 79 satelliti di Giove ovvero nel satellite denominato "Europa" (secondo il professor russo Boris Rodionov, titolare della cattedra di Astrofisica all'Università di Mosca). La nostra Luna mostra sempre la stessa metà. La sua orbita sta gradualmente allargandosi. Ha sempre mostrato la stessa faccia e continuerà a farlo nonostante la sua orbita sia in espansione. All'aumentare dell'orbita (aumento della distanza dalla Terra), per poter mostrare sempre la stessa metà, dovrebbe diminuire la velocità di rotazione su se stessa (intorno al suo asse di rotazione). Perché continua a mostrare sempre la stessa faccia ovvero perché diminuisce la sua rotazione di pari passo con l'aumento dell'orbita? Non dovrebbe perdersi questa sincronia ossia non dovrebbe restare costante la sua rotazione? È sbilanciata la sua massa e quindi ha il lato sempre visibile attratto maggiormente rispetto al lato mai visibile? Quindi si comporta come un "semprimpiedi" (pupazzo col peso nella base semisferica che resta in verticale o vi ritorna)? Potrebbe essere qualcos'altro la causa che nasconde sempre il lato "oscuro" (non sempre buio come non sempre illuminato; "oscuro" perché nascosto ovvero mai rivolto verso la Terra quindi mai osservabile da noi restando sul nostro pianeta)?

SCIOGLIMENTO DEI GHIACCI

È noto a chiunque che i ghiacci ai poli si stanno sciogliendo in modo a dir poco allarmante (sei volte più velocemente del solito degli ultimi quaranta anni in Antartide e del 65% in Artide, tra il 2010 e il 2016, di circa 1500 km^2) soprattutto a causa di un importante produzione di biossido di carbonio (CO_2), di un'intensiva combustione di carboni fossili e di un esteso processo di deforestazione. Si stima che tra qualche anno del Polo Nord rimanga soltanto un enorme lago salato e tra circa 30 o 40 anni tutti i ghiacciai saranno scomparsi. Se non fermiamo questo processo cosa accadrà? Partiamo dagli effetti "meno" gravi: innalzamento del livello dei mari e degli oceani e conseguente sommersione di molte città e agglomerati urbani costieri, inizialmente e successivamente pure delle aree continentali; alternanza di condizioni climatiche sempre più estremizzate, si passa dal freddo quasi polare al caldo quasi equatoriale con picchi fino ad oltre cinquanta gradi centigradi nelle medie latitudini (vennero registrati +55°C un giorno d'estate del 2018 in Italia nella regione Campania e più precisamente a Caserta e altrettanti gradi di temperatura percepita in Brasile a Rio de Janeiro il 11 gennaio 2020, la terza temperatura percepita più elevata di sempre nello Stato di Rio de Janeiro, dunque non la maggiore in assoluto) mentre nelle alte e nelle basse latitudini c'è soprattutto un accelerato innalzamento della temperatura; estinzione di molte specie viventi marine e terrestri con conseguente squilibrio della catena alimentare; desertificazione di ampie aree verdeggianti; decesso di

82

tantissimi anziani (e non) per "colpo di calore", ecc.. Quando si saranno completamente sciolti cosa succederà? Il ghiaccio sta assorbendo calore trasformandosi dallo stato solido (ghiaccio, appunto!) a quello liquido (acqua), quindi sta "tamponando" parzialmente l'aumento della temperatura media terrestre. Quando sarà totalmente sciolto non ci sarà nulla che potrà assorbire il calore dovuto all'"effetto serra" quindi la temperatura aumenterà esponenzialmente e, in ben meno tempo di quanto s'immagini, raggiungerà livelli incompatibili per la vita non estremofila, quindi ci sarà l'estinzione di quasi tutti gli esseri viventi sulla Terra! Faremo la fine dei caranguejos (specie di granchi sudamericani che vengono bolliti vivi e cercano di stappare e uscire dalla pentola soltanto quando sentono bollire il brodo; non immaginate con quanta forza cercano di scappare)? Per questo si stanno affannando per mandare gente su Marte? Cosa potremmo fare per almeno tentare di evitare l'estinzione sul pianeta blu? Respirando e muovendoci già contribuiamo al surriscaldamento globale! Qualunque cosa faccia l'uomo, scalda il pianeta! Abbiamo esagerato in tutto e continuiamo a farlo. Siamo spacciati? Ci candidiamo per andare sul pianeta rosso? Non sarebbe più facile e conveniente "tirare il freno a mano" e lasciarlo "tirato" per tutto il tempo necessario per capire se basta? Dovremmo chiederci ogni volta che facciamo una qualsiasi cosa se e quanto stiamo contribuendo al surriscaldamento e dunque adeguare le nostre scelte e le nostre azioni! Abbiamo sbagliato troppo in passato, errare è umano (purtroppo) ma perseverare è diabolico! Gli esperti, gli studiosi, i ricercatori e gli "addetti ai lavori" sono convinti che non sia troppo tardi (manca ancora un grado centigrado o al massimo due, di temperatura media planetaria, per esserlo). Vogliamo superare il punto di non ritorno?

AUTO IBRIDE ED ELETTRICHE

Le auto ibride sono una buona idea? Risparmiapianeta (almeno parzialmente)? Quanto costa, in termini di deterioramento planetario (il denaro non è altrettanto importante), produrre, riciclare o smaltire le batterie? Sappiamo averne cura? Le carichiamo, scarichiamo e conserviamo nel modo corretto? Quanti conoscono tutte le informazioni necessarie per utilizzarle e manutenerle (non solo quelle riguardanti le caratteristiche tecniche, le prestazioni, la loro tecnologia, ecc.)? Dover rimpiazzare anzitempo le batterie è meno ecologico che utilizzare il GPL (Gas Propano Liquido), il metano (detto anche "gas naturale" in America latina) o l'alcol! Esistono pesantissime auto ibride (i SUV ibridi) che sfruttano molte (troppe) batterie; che senso ha produrre e utilizzare quel tipo di auto? In termini ambientali fa più danni una utilitaria a carburante (benzina o nafta ad esempio) o un SUV ibrido? È vero che recuperare almeno in parte l'energia tramite accumulatori (batterie ricaricabili, LiPo ovvero ai polimeri di litio, ad esempio) che vengono ricaricati in discesa o in frenata, sono una buona idea ed è altrettanto vero che ci sono persone che hanno effettivo bisogno di determinati tipi di auto ben alte da terra (per motivi sportivi o perché percorrono abitualmente strade sterrate o disastrate) ma i SUV (o suoi simili) in particolare non offrono grande abitabilità e spazio per i bagagli pur essendo esternamente molto ingombranti e pesanti (inutilmente). Spesso sarebbero molto più adatte auto familiari (station-wagon) con le sospensioni più alte e ruote più adatte a tutti i tipi di strade. I progettisti nonché i produttori di autoveicoli, infarciscono notevolmente ed esclusivamente per motivi estetici (per accattivarsi la clientela) i propri autoveicoli. È una politica non soltanto fallimentare ma catastrofica riguardo la salute di Gaia, quindi anche di tutti gli organismi viventi. Le auto esclusivamente elettriche, per tanti buoni motivi, venivano progettate molto semplificate, curando la leggerezza (peso ridotto) ed anche una dovuta, sufficiente, robustezza. L'aerodinamica quanto è importante? È fondamentale quanto la leggerezza e la semplicità! Le batterie hanno un ciclo di vita limitato che diminuisce drasticamente in caso di mal utilizzo. Produrle e, infine, smaltirle, comporta sacrificio di risorse (i vari inquinamenti che minacciano l'esistenza di tutti gli organismi; ozonosfera; oceani, mari, fiumi e laghi; aria; terreno; cibo; acqua; tempo e denaro che NON dovremmo considerare prioritari, vedasi "tempo = denaro"; ecc.). Abbiamo fatto bene i conti (non parlo del titolo nobiliare similmente detto "Langravio")? Sarebbe forse meglio, in molti casi, utilizzare il metano, il GPL o l'alcol? Farebbero più danni di una consistente quantità di batterie accompagnate da un grande motore a benzina (di grossa cilindrata poiché deve garantire la trazione, in tutte le situazioni, di un'auto molto pesante)?

LE API

Le api stanno morendo in quantità molto superiori al normale stando alle denunce degli apicoltori (o apicultori, se preferite). S'ignora quale sia la vera causa ma qualche ipotesi possiamo farla: veleni, pesticidi, inquinamento, urbanizzazione, campi magnetici e mutazioni climatiche stanno eliminando gl'indispensabili insetti impollinatori (le api). Andando di questo passo si estingueranno e noi con loro. Insomma sembra che non abbiamo proprio scampo. Troppi accadimenti che mettono a repentaglio la nostra vita. Einstein, tra le tante cose, affermava che la nostra sopravvivenza dipende anche dalle api. L'ottanta per cento di quello che mangiamo (riferito alla dieta mediterranea), dipende direttamente o indirettamente dall'operato delle api. Sembra che gli altri insetti in realtà stiano aumentando di numero. Il fabbisogno mondiale di cibo è in aumento e diminuisce la disponibilità. (Chi è debole di stomaco eviti di leggere i prossimi quattro periodi). Sarà per questo che stanno cercando d'introdurre la dieta a base d'insetti? Esistono già diversi ristoranti (non cinesi) che offrono la possibilità di ordinare piatti a base d'insetti. Hanno fatto i test pratici per vedere l'indice di gradimento ed è risultato soprattutto che...

non hanno gradito (ci credo). Li hanno inseriti ugualmente nel menù. Siamo messi male... ma proprio male male male!

Gli uliveti (e non solo quelli) sono sempre più infruttuosi a causa delle alterazioni climatiche o perché stanno diminuendo le api?

A proposito d'insetti, ci sono un gran numero di strategie naturali per tenere lontane le zanzare, le formiche, gli scarafaggi... e i topi. Perché usare prodotti chimici industrializzati che solo per produrli hanno fatto danni e usandoli si continua a farne (anche alla nostra salute)? Aglio, lavanda, vaniglia, agrumi con chiodi di garofano, bicarbonato... zucchero con lievito in acqua calda... saponata, menta piperita... la lista è lunga e descrivere tutte le tecniche di utilizzo sarebbe prolisso ma cercando in internet (per chi non lo sapesse) esistono spiegazioni dettagliate testuali e video su cosa e come utilizzare per tenere lontani (oppure uccidere se strettamente necessario) quei succitati fastidiosi esseri viventi. Un mobile invaso dalle formiche lo disinfestai spargendo del pepe (nero ma credo che non importi se sia nero, bianco, verde, rosso...), mentre il barattolo dello zucchero dimenticato aperto, con dei chiodi di garofano sparpagliati, collocati dentro il barattolo, sopra lo zucchero. Gli insetti seguono e si orientano grazie alle scie chimiche. L'anidrite carbonica (CO_2) e i colori vivaci, sgargianti, che riflettono i raggi ultravioletti, così come le lampade UV (che sono pure germicide), attirano tutti i tipi d'insetti. Tutti mezzi che si possono sfruttare a proprio favore.

Tornando alle api: quando hanno fatto la loro comparsa sulla Terra? Prima come venivano impollinate le piante? Gli insetti impollinatori si sono evoluti contemporaneamente alle piante? In realtà le piante si sono evolute e diversificate dopo l'apparizione degli insetti impollinatori. Precedentemente la varietà di piante era molto ridotta e si riproducevano per diramazione e diffusione, a volte, per alcune specie, rientrando nel terreno (e nell'acqua) e fuoriuscendo ripetutamente oppure diramando estesamente le loro radici e generando altre piante appartenenti tutte allo stesso esemplare. Le piante esistevano già poi sono apparsi gli insetti e successivamente tutti gli esseri viventi che si nutrono o si sono nutriti di vegetali o di animali. Infine, molto più tardi, siamo apparsi noi che abbiamo sempre avuto bisogno di tutto ciò che la natura aveva già creato in miliardi di anni. Con l'estinzione delle api la natura farà un gran balzo indietro e sparirà tutto ciò che dipende dall'operato delle api, dunque quasi certamente anche noi ci estingueremo, come ipotizzato anche da Einstein. Si dice che Albert Einstein abbia pronunciato questa affermazione: "se le api sparissero, il genere umano si estinguerebbe in 4 anni". Molto plausibile! Cosa vogliamo fare? Aspettiamo senza far qualcosa per evitarlo e vediamo cosa accade? Ci limitiamo a scommetterci su? Chi scommetterebbe per l'estinzione e chi no? In entrambi i casi solo gli stupidi. I vincitori della scommessa cosa otterrebbero? Denaro? Certamente no! Puntare sull'estinzione sarebbe stupido perché pur vincendo non si avrebbe modo di spendere i soldi vinti quindi sarebbe meglio scommettere che non ci sarà nessuna estinzione? È evidente che l'estinzione ci sarebbe di sicuro quindi si finirebbe per sprecare in ogni caso del denaro che potrebbe essere investito in cause salvapianeta.

FORESTA AMAZZONICA

La foresta pluviale che copre gran parte dell'omonimo bacino amazzonico, detta appunto foresta amazzonica, il polmone verde di Gaia, si estende su una superficie di sei milioni di chilometri quadrati interessando aree più o meno vaste di nove Paesi: il 60% del Brasile, il 13% del Perù, il 10% della Colombia e percentuali inferiori in Venezuela, Bolivia, Guyana, Ecuador, Suriname e Guyana francese. Costituisce più della metà delle foreste tropicali rimaste al mondo, ospita una biodiversità maggiore di qualsiasi altra foresta tropicale e ospita la Serrania de Chiribiquete, il parco nazionale di foresta pluviale più grande al mondo, un'area protetta di 40000 chilometri quadrati di estensione, dichiarata Patrimonio dell'umanità dall'UNESCO. Considerando solo il periodo tra agosto 2017 e luglio 2018 si è ridotta di ben 7900 chilometri quadrati a causa della deforestazione (una superficie corrispondente a oltre un milione di campi da calcio) per favorire l'industria mineraria e soprattutto quella agricola. Siamo arrivati a circa otto miliardi di persone sulla Terra e, date le nostre abitudini alimentari e il nostro fabbisogno di carne, sono aumentate considerevolmente in numero e in mole gli allevamenti di bestiame (principalmente bovini). L'accresciuta necessità di alimentare il bestiame d'allevamento intensivo ha provocato una diffusa ed estesa deforestazione per consentire la coltivazione di soia necessaria principalmente per alimentare i bovini. Risultato? Aumento smisurato di animali che consumano ossigeno e massiccia riduzione di foreste che producono ossigeno! Gaia va sempre più verso una insufficienza polmonare, esattamente come noi! Certo che ce la stiamo mettendo proprio tutta per autolesionarci (con epilogo letale). Da uno a cento, quanto siamo stupidi? Mille? Diecimila? Infinitamente stupidi? Davvero non riusciamo ad essere giudiziosi? Se riduciamo al minimo il consumo di carne (abusandone fa pure male) e il consumo di soia, non ridimensioniamo il problema? Se pianificassimo e regolamentassimo le nascite, in modo da essere meno e più sani su questo pianeta in un prossimo futuro, non sarebbe meglio? Quasi tutti i problemi hanno una soluzione ottima e una soluzione pessima che se corrispondono, la soluzione è unica, ma esistente! Sono pochi i problemi privi (almeno in apparenza) di soluzione. Esiste il detto: "solo alla morte non c'è rimedio". Quello della deforestazione ha diverse soluzioni, qualcuna delle quali è già alla portata di chiunque! Evitiamo di promuovere o favorire la deforestazione! Mangiamo poca carne e poca soia! Agite insieme a me, per cortesia! Grazie!

VIAGGIARE NEL TEMPO

Il concetto di poter o meno viaggiare nel tempo è molto controverso. Analizziamo il problema sulla base di ciò che sappiamo. Il tempo è relativo e si può farlo scorrere più lentamente aumentando la velocità oppure approssimandosi a qualcosa che abbia una massa maggiore ad esempio un buco nero mentre per farlo scorrere più rapidamente dovremmo portarci lontano abbastanza dai campi gravitazionali, quindi in pieno spazio cosmico aperto. Cosa otterremmo? Viaggeremmo nel tempo? In un certo senso sì ma direi nì! Tornando tra la gente noteremmo che il nostro orario ed eventualmente la nostra data si troverebbe con un divario di tempo in difetto o in eccesso rispetto agli altri ma comunque sarebbe passato del tempo per tutti, a chi più e a chi meno. Dunque proiettati in ogni caso in un tempo successivo a quello di partenza ma per gli altri sarebbe trascorso più o meno tempo rispetto noi a seconda dei casi. Ipotizzando di raggiungere la velocità della luce, dovremmo far passare un anno nostro per saltare in avanti nel tempo di sette anni degli altri. A mio avviso questo non è viaggiare nel tempo ma decelerare o accelerare il proprio tempo. Chiaramente non ce ne accorgeremmo neppure senza riferimenti ossia senza ritornare tra gli altri. Il tempo in realtà, come già accennato è l'avanzamento degli eventi (tutti, da quelli microscopici a quelli macroscopici). Se tutto rallenta, anche i processi cerebrali lo fanno e viceversa. Come potremmo mai tornare indietro nel tempo? Penso che non ci sia modo a meno che non si riesca a superare la velocità della luce però sappiamo o almeno siamo convinti che non sia possibile. E se in realtà fosse possibile? Perché dalle misure risulta che il limite di velocità della luce (o di propagazione di un'onda elettromagnetica o di una particella libera priva di massa) è pari a 299 792 458 metri al secondo? I fotoni che vanno oltre quella velocità saltano indietro o avanti nel tempo? Oppure finiscono in un'altra dimensione? 3,2,1, via alle critiche e alle polemiche! Probabilmente, i fotoni, pur essendo privi di massa, trovano una sorta di resistenza al loro avanzamento, perciò non riescono a superare un certo limite di velocità, che altrove, nello Spazio cosmico infinito, potrebbe essere superiore o inferiore a quello misurato qui. Resistenza variabile in base ad una minore o maggiore densità della materia oscura? Secondo la mia ipotesi di materia oscura (microscopici, infinitesimali buchi neri antigravitazionali) non direi, perché la materia oscura dovrebbe essere distribuita più o meno densamente in ampie zone vuote (prive di altro) del cosmo.

DESTINO DEL COSMO

Facciamo un resoconto della situazione, le galassie si stanno allontanando con moto accelerato dal centro, il "punto di partenza", dov'è avvenuto il "Bing Bang", e ipoteticamente continueranno ad accelerare ma non potranno farlo all'infinito e raggiungeranno una velocità costante (seppur elevatissima) perché hanno massa. D'altro canto la luce, le onde, ecc. (tutto ciò che non ha massa) potranno continuare ad accelerare fino al limite massimo (di 299 792 458 metri al secondo, valore attualmente accettato da tutta la comunità scientifica) certamente molto superiore a quello di tutto il resto della materia ovvero intere galassie e quant'altro esiste di materiale nel cosmo. Pure le onde gravitazionali stanno viaggiando e accelerando? Quindi le onde gravitazionali abbandoneranno i corpi celesti? No, perché vengono generate dalla materia. La massa genera onde gravitazionali, dunque dove c'è massa c'è forza gravitazionale. L'energia abbandonerà la materia? No! Lo stesso vale per i campi magnetici i quali vengono generati dai nuclei (ipoteticamente sferici e solidi per via della forte pressione e composti presumibilmente da una lega di ferro-nichel, almeno sulla Terra) in rotazione al centro dei pianeti. I fotoni vengono generati dalle stelle, quindi finché ci sono le stelle nelle galassie c'è luce. Localmente non cambierà quasi niente per moltissimo altro tempo. Le galassie risulteranno sempre più distanziate. Le stelle gradualmente si esauriranno. Se per qualche ragione non ci sarà un riaccorpamento delle galassie, in un futuro molto ma molto remoto, il cosmo si spegnerà. Personalmente non credo che sarà quello il suo destino ma di questo ne ho già "parlato" abbastanza nella mia teoria già descritta in questo libro sperando di essere stato sufficientemente chiaro e comprensibile per tutti. Attualmente nessuno, può dire niente di certo e nulla può essere scientificamente provato. Forse non arriveremo mai a dimostrare niente al riguardo. In ogni caso la ricerca continua ed esistono svariate teorie da confermare o escludere.

MEDICINA, CURE, RIMEDI E PRECAUZIONI

La medicina (scienza) e i farmaci sono una cosa sempre positiva? Quante volte sono stati ritirati dal mercato delle medicine? Esistono farmaci privi di effetti collaterali? Come realizzano e testano le cure mediche? Curare i problemi di salute dovuti a un genoma difettato è giusto e conveniente? Tramandare e diffondere i difetti genetici è saggio? Per miliardi di anni come si è evoluta la vita sulla Terra? Certo è che curare le malattie non congenite, capitate per "sfortuna" (come l'influenza, un osso fratturato, un ematoma, un taglio ecc.), è un'ottima cosa come ricercare le alterazioni genetiche che causano certe malattie ma permettere che nascano sempre più individui con qualche gene errato, non è deleterio oltre che stupido? Se il mondo si riempisse di persone geneticamente non "perfette" e venisse a mancare la possibilità di "curare" le patologie derivanti, cosa accadrebbe? Se invece diminuissero gl'individui con qualche gene compromesso aumenterebbe notevolmente la probabilità di sopravvivenza anche in assenza di cure mediche. I medici hanno sempre ragione? Mi viene a mente il caso di una persona che conosco cui gli era stato diagnosticato un ingrossamento smisurato del cuore ed era stato messo addirittura in attesa di trapianto di cuore. Il cuore non è un muscolo? Così come si è ingrossato non potrebbe ridimensionarsi (atrofizzandosi parzialmente) semplicemente tenendolo a "riposo", curando lo stile di vita e l'alimentazione? Di fatto è proprio quello che è accaduto! Dietro mio consiglio, in attesa del previsto trapianto, la persona con quell'alterazione ha condotto un'alimentazione sana, varia, equilibrata, completa, senza eccessi e soprattutto ha limitato il più possibile le proprie attività fisiche (in buona sostanza muovendosi il meno possibile) e "miracolosamente" alle visite mediche successive è risultato guarito! Davvero si tratta di un miracolo? Con che criterio i medici scelgono di sottoporre ad intervento chirurgico i loro pazienti (a volte davvero molto pazienti)? Personalmente, da ragazzino, mi venne diagnosticata l'appendicite da svariati medici e arrivò il giorno in cui venni appendicectomizzato (operato all'appendice). La mia appendice in un barattolo sotto alcol etilico venne vista da un altro medico che guardandola dichiarò che non c'era tutta questa necessità e tantomeno urgenza di essere rimossa. Tengo a precisare che l'intervento è stato eseguito come pochi sanno e vogliono fare, la cicatrice sembra un graffietto con un punto di sutura soltanto al centro, più due punti metallici (tipo spillette), insomma sembra una cicatrice poco visibile di un graffietto di appena quattro centimetri (scarsi) con sei puntini (tre da un lato e tre dall'altro) che apparivano (ora sono poco visibili) come piccoli segni lasciati dalla varicella. È pur vero che prima dell'intervento, premendo in zona appendice mi dava un po' di fastidio e un vago dolore ma nulla di eccessivo. Molti anni dopo ho scoperto autonomamente che i miei frequenti mal di pancia erano dovuti a intolleranza al lattosio. Perché i vari medici cui mi sono rivolto non hanno saputo diagnosticare correttamente il mio disturbo? La missione di certi medici è quella di muovere la macchina economica della sanità? Oppure sono talmente ingenuamente forgiarti e temprati per eseguire (senza pensare razionalmente) quello che credono sia l'unico stratagemma possibile per curare? Ritengono, perché forse così gli anno fatto credere all'università, che debbano in ogni caso eseguire un intervento chirurgico (a volte delicatissimo e che potrebbe non avere esito positivo)? Decidono di operare per guadagnare e/o per far guadagnare? Esiste una procedura naturale e non invasiva per ripulire il fegato, che conoscono in quanti? Ci sono medici che la conoscono e non la consigliano? Preferiscono operare e asportare parti di fegato piuttosto che consigliare di tenerlo in salute e ripulirlo di tanto in tanto?

In questo scritto non viene specificata la procedura naturale per la pulizia del fegato perché è già dettagliatamente descritta in un altro libro. Cercare per trovare! Internet serve anche per questo. Suggerisco anche d'informarsi sul training autogeno (TA) e sulle sue potenzialità e benefici. Perché tante donne (troppe) anche in giovane età e prive di difetti importanti si rivolgono ai chirurghi estetici per dei "ritocchi"? Probabilmente avrebbero bisogno solo di qualche seduta da uno/a psicoterapeuta (psicologo, psicoanalista o psichiatra) per risolvere i loro "problemi" (psicologici) e le loro insicurezze. Se proprio ci tengono ad avere un seno più grande dovrebbero ricorrere a soluzioni naturali piuttosto che alla mastoplastica. Quante/i sanno che l'olio di pesce, ricco di acidi grassi polinsaturi (omega-3) oltre ad avere proprietà e benefici per la salute incrementa il volume del seno, mentre il consumo di caffè, tè, ananas e tutti quegli alimenti e quelle sostanze bruciagrassi causano l'effetto contrario (riduzione del seno). Ecco, da ora in poi ci sarà un incremento di donne col seno abbondante (e naturale). L'olio di pesce contiene anche ferro, iodio, vitamine E, A, D e del complesso B. Sembrerebbe che l'assunzione di olio di fegato di merluzzo differentemente da quello di pesce non è consigliabile perché contiene pure qualche sostanza tossica. Anche eccedere col consumo di olio di pesce diventa dannoso per la salute. A proposito di acidi grassi polinsaturi, pure gli omega-6 e omega-9 sono importanti per la salute e la forma fisica. La loro carenza, assenza o errata proporzione può causare stanchezza, problemi gastrointestinali, problemi alla pelle, alle unghie, acne e molte altre patologie. Nella dieta occidentale c'è abuso di alimenti contenenti omega-6 (presente pure nel famigerato olio di palma), mentre scarseggiano gli alimenti che contengono omega-3, perciò sarebbe opportuno aumentare il consumo degli alimenti che lo contengono, ovvero: tonno, salmone, merluzzo, sgombro, "pesce azzurro" in generale, semi di lino e di canapa, noci, cereali e vegetali a foglia verde.

Qual' è la causa dei nei o nevi? Il sole? Esposizioni troppo prolungate al sole sono certamente deleterie, provocano tutta una serie di problemi cutanei e l'invecchiamento precoce della pelle. È vero che le radiazioni solari servono anche a fornirci di vitamina D, regolano alcune attività corporee come il ciclo sonno veglia e l'andamento circadiano degli ormoni e stimolano la produzione di serotonina, un importante neurotrasmettitore, responsabile, tra l'altro, del senso di euforia ma come ogni cosa, non se ne deve abusare! Avete mai notato cosa succede sulla superficie di un gonfiabile semi gonfio (o semi sgonfio per i pessimisti) esposto al sole quando è ricoperto da gocce d'acqua? Fatelo questo esperimento. Ciò mi ha convinto che la concausa scatenante i nei (o nevi per gl'intellettuali) siano proprio le goccioline d'acqua o di sudore perciò consiglio vivamente di asciugare il sudore o l'acqua sulla pelle quando si è esposti al sole. Lasciare le gocce è come tenere delle lenti sulla pelle che concentrano gli UV nei punti ricoperti dalle stesse. A riprova di ciò c'è l'abbondante diffusione di nei sul mio corpo soprattutto nelle zone dove si accumulavano maggiormente le gocce d'acqua (e di sudore), oltretutto, ahimè! non avevo la buona abitudine di asciugarmi dopo il bagno in mare, lasciavo il compito al vento e al calore, sbagliando!

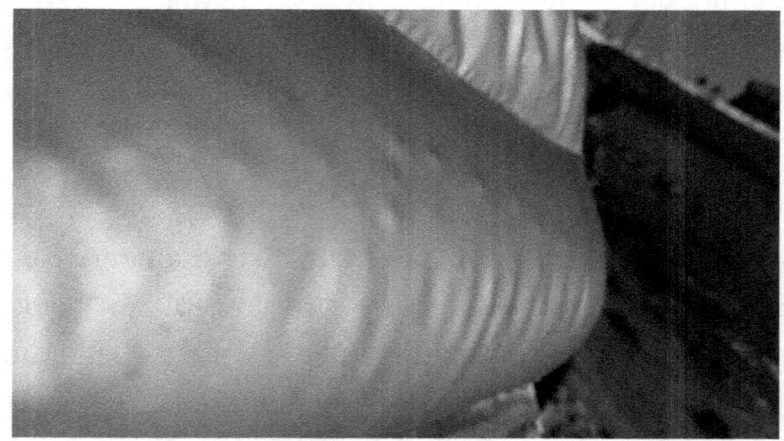

Superfice del gonfiabile deformata dalle gocce attraversate dai raggi solari. Osservare i bozzi rotondi, non le arricciature che sono dovute al parziale gonfiaggio. Il gonfiabile torna normale, la pelle umana no!

UV-A, UV-B, UV-C

Il Sole emette fotoni in una vasta gamma di frequenze che coprono quelle della luce ultravioletta in tutte e tre le bande UV-A, UV-B e UV-C con lunghezze d'onda rispettivamente di 400-315 nanometri, 315-280 nanometri e 280-100 nanometri ma, a causa dell'assorbimento da parte dello strato di ozono, quasi la totalità degli ultravioletti che arrivano sulla superficie terrestre sono UV-A mentre gli UV-C sono completamente assorbiti dall'atmosfera terrestre e riesce a passare soltanto il 5% degli UV-B. L'intensità di queste radiazioni è espressa con l'indice UV (indice universale della radiazione UV solare) riportato nelle previsioni meteorologiche. Gli UV-A data la loro elevata lunghezza d'onda, sono in grado di penetrare più in profondità fino a raggiungere il derma. Queste radiazioni sono responsabili della pigmentazione immediata della pelle, ma l'abbronzatura che ne scaturisce è effimera e svanisce nel giro di poche ore (fenomeno di Meyrowsky), inoltre, a causa dell'elevato potere di penetrazione, queste radiazioni possono alterare e distruggere collagene, elastina e capillari, provocando danno cutaneo anche sul lungo termine. Quindi gli UV-A sono ritenuti i principali responsabili del fotoinvecchiamento (o photoaging), ma anche della fotoimmunosoppressione, dei fenomeni di fototossicità e dei fenomeni di fotoallergia, oltretutto possono comportare il danneggiamento dei capillari. Gli UV-B sono eritematogeni, stimolano la melanogenesi e causano alterazione del genoma presente nelle cellule cutanee, aumentando il rischio di tumori della pelle. Gli UV-C sono le radiazioni ultraviolette più pericolose poiché sono altamente cancerogeni; per fortuna vengono filtrati dall'ozono e da altre componenti dell'atmosfera. Grazie a questi filtri naturali non dovrebbero raggiungerci ma l'assottigliamento dello strato di ozono che si è verificato negli ultimi decenni ha aumentato il rischio di ritrovarci esposti a questi raggi. Usare i "filtri solari" potrebbe essere insufficiente e, secondo alcuni, a volte, dannoso o pericoloso per la nostra salute. I protettori solari sono sostanze in grado di filtrare selettivamente le radiazioni solari ossia sono in grado di separare per assorbimento, riflessione o diffusione parte dello spettro solare. Evidenzio che gli UV aumentano proporzionalmente all'incremento dell'altitudine, alla maggiore altezza del sole (dunque nelle ore centrali della giornata), con l'aumento della riflessione del suolo, con la diminuzione della latitudine e della nuvolosità. L'esposizione alla luce solare ha pure degli effetti benefici. Per ottenerli non sono necessarie lunghe esposizioni e nemmeno abbronzarsi. L'abbronzatura o pigmentazione della pelle, è un meccanismo di difesa attuato dall'organismo per evitare i danni provocati dalle radiazioni solari. Sembra che per ottenere effetti benefici, siano sufficienti pochi minuti al giorno di esposizione al sole. Alcuni benefici sono: produzione di vitamina D; azione disinfettante della cute; azione antinfiammatoria nei confronti di dermatite atopica e psoriasi.

BLS-D

Basic Life Support and early Defibrillation è il significato dell'acronimo BLS-D. Tutti dovrebbero conoscere e saper applicare in pratica la Rianimazione Cardiopolmonare (RCP) di base e la Defibrillazione Precoce (DP), l'algoritmo BLS-D o almeno il BLS. In caso di necessità sono pochissimi gli individui preparati per intervenire e soccorrere nella maniera corretta le persone (adulti, bambini e neonati) in situazioni di pericolo di vita (direi pericolo di morte). Attualmente in alcune (spero molte, non so esattamente quante) scuole viene mostrato e insegnato il BLS (senza uso di defibrillatore semiautomatico). Detto corso dovrebbe essere esteso a tutti, negli ambienti di studio, di sport e di lavoro. È pure una questione etica, civile e morale. Personalmente se dovessi avere un infarto mi piacerebbe tanto poter fruire di supporto BLS se non BLS-D immediato senza dover aspettare l'arrivo del personale medico e paramedico che potrebbe arrivare troppo tardi. Se una persona nelle mie vicinanze dovesse avere tale necessità, personalmente potrei intervenire tempestivamente e applicare le procedure di primo soccorso perché sono uno di quei pochi individui preparati e qualificati (muniti di attestato) per farlo. Dono il sangue e il plasma con regolarità, pratico l'RCP e la DP in caso di bisogno e ho firmato per la donazione dei miei organi ma se il bisognoso dovessi essere io? Facile aspettare, chiedere e pretendere l'aiuto degli altri e perché non impegnarsi per poterlo offrire? Quanti lettori si stanno vergognando in questo momento? Il defibrillatore semiautomatico (abbreviato con DAE, defibrillatore automatico esterno, o AED, Automated External Defibrillator) ce lo portiamo sempre dietro con noi? No, per Legge deve trovarsi obbligatoriamente in vari luoghi (centri commerciali, supermercati, ristoranti, alberghi, cinema, teatri, discoteche, sale gioco, strutture ricreative, parchi di divertimento, stadi, centri sportivi, industrie, stabilimenti balneari, ambulatori, farmacie, porti, aeroporti, stazioni, ecc.) così come il "Pallone Ambu", le cannule orofaringee (cannula di Guedel, di Mayo, di Bierman e di Safar. Sono di otto misure che vanno dalla "000" alla "5", lunghe da quattro a undici centimetri, di colore differente proprio per evidenziarne la dimensione), l'apribocca, il tiralingua, ecc.. Se finiamo in acqua con un autoveicolo cosa facciamo? Dite voi: "usciamo dall'auto". Certo ma a causa della pressione, della densità e della incompressibilità dell'acqua, non è così semplice e immediato come si potrebbe credere. Aprire uno sportello in tali circostanze diventa faticosissimo e quasi nessuno (tranne Hulk e pochi altri campioni di sollevamento pesi) ci riuscirebbe. È bene riempire i polmoni di ossigeno (aria ancora presente nell'abitacolo), aprire completamente il finestrino (almeno uno, sarebbe meglio aprirli tutti) dopodiché aprire la porta spingendola con forza con i piedi mentre entra l'acqua, quindi abbandonare l'abitacolo oppure uscire direttamente dal finestrino (se la propria forma fisica lo consente, senza perdere tempo ad aprire la portiera) non appena il flusso d'acqua risulta meno vigoroso. E se il finestrino non si apre poiché è elettrico e l'acqua lo ha mandato in corto circuito? In genere i finestrini posteriori sono meccanici (a manovella) dunque conviene, senza titubare, aprire quello posteriore per far entrare l'acqua e dopo aprire il proprio sportello (spingendolo con forza con i piedi) per uscire. Gli alzacristalli elettrici a volte hanno l'apertura completa automatica quindi se c'è modo e tempo di attivare la completa apertura prima che il circuito vada in corto (prima che l'auto entri in acqua o almeno prima che affondi) è di vitale importanza attivarla. Toglietevi dalla mente l'idea di restare in auto, nella bolla d'aria presente nell'abitacolo fino all'eventuale arrivo dei soccorsi. L'ossigeno non basterebbe!

ANTARTIDE

L'Antartide, il quarto continente del pianeta, ordinandoli per dimensione, è ricoperto d'acqua allo stato solido ovvero sotto forma di ghiaccio per circa il novantotto per cento della sua superficie che si estende per circa quattordici milioni di chilometri quadrati. Lo spessore medio del ghiaccio che lo ricopre è di 1600 metri che lo rende inadatto alla vita. È stata scoperta l'esistenza di laghi sotterranei tra cui il lago Vostok (situato ad una profondità di 3768 metri sotto lo spesso strato di ghiaccio), uno degli oltre 70 laghi subglaciali scoperti in Antartide, nominato così perché vicino alla stazione antartica russa. Altri due laghi scoperti sono Ellsworth (con circa 10 km di lunghezza) e Whillans (situato ad una profondità sotto lo strato di ghiaccio di 800 metri circa e con un'estensione di circa 60 chilometri quadrati) ma ce ne sono molti altri. C'è chi ipotizza ce ne siano fino a circa quattrocento in totale. Il primo di questi laghi enunciati si estende per circa quindicimila chilometri quadrati (una volta e mezza la superficie dell'isola di Cipro), profondo milleduecento metri (circa quattrocento metri meno del lago Baikal, il più profondo del mondo con 1642 m di profondità massima nella sua parte centrale). Il Lago Vostok è sotto una crosta di ghiaccio spessa quasi quattro chilometri (più di quella presente su "Europa", uno dei satelliti del pianeta Giove) che esercita una pressione enorme ed è ad una temperatura che raggiunge i -89 gradi centigradi nelle parti periferiche. Nonostante tutto sono stati trovati organismi viventi (ovviamente estremofili) nel lago Vostok, geneticamente differenti dagli altri. Un batterio denominato W123-10 ha solo l'ottantasei per cento del DNA simile a quello degli altri esseri viventi terrestri, ciò non perché sia di origine extraterrestre ma perché si è sviluppato isolato da tutto il resto per tantissimo tempo seguendo un percorso evolutivo alternativo. Sono stati osservati circa 3500 specie diverse di organismi nel lago Vostok. Il giorno in cui il ghiaccio antartico si scioglierà completamente (avverrà sicuramente com'è già successo in tempi remoti) cosa accadrà alle altre specie viventi coesistendo con tali microrganismi? Si stravolgerà la "catena alimentare"? Si svilupperanno nuove specie viventi? Si diffonderanno altre malattie? Pensare che la vita esista anche su Marte o su alcuni satelliti di Giove o di Saturno, dove sono presenti situazioni simili a quelle antartiche non è affatto azzardato. L'Antartide presenta anche un buon numero di grotte e cavità. C'è chi sostiene che ci sia anche una base aliena in una delle cavità più ampie. Nella zona denominata Marie Byrd Land c'è il punto più profondo privo di acqua ovvero la Bentley Depression sita a una profondità di circa 2500 metri sotto il livello del mare. L'Antartide presenta anche dei rilievi rocciosi di varia origine, sostanzialmente di tre tipi, uno che assomiglia nella composizione alle rocce australiane, un altro alle rocce indiane e il terzo alle rocce dei fondali marini. Ciò è dovuto all'accostamento di vari continenti fondendosi in un supercontinente formatosi circa un miliardo di anni fa chiamato Rodinia che successivamente, circa cinquecento milioni di anni fa, si è unito con un altro supercontinente formando un unico supercontinente denominato Gondwana. L'Antartide presenta anche dei buchi nel ghiaccio. Ne ha anche uno di mille metri quadri (non è particolarmente grande) causato da un ciclone, dalle correnti marine "calde" e dal riscaldamento globale. Quest'ultimo comporterà, a detta degli scienziati, un ingrandimento di quel buco fino a una estensione di circa cento chilometri quadrati anche per via dell'intensificazione e della crescente frequenza dei cicloni. Altro aspetto sarà il totale scioglimento del ghiaccio che comporterà un aumento del livello dei mari e degli oceani di almeno dodici metri facendo sparire sott'acqua molte località e città costiere e coinvolgerà oltre 80 milioni di persone... e quanti altri esseri viventi? Per cominciare? Quando si sarà sciolto tutto il ghiaccio sul nostro pianeta, cosa potrà rallentare il surriscaldamento globale? Mi tornano in mente i granchi brasiliani che vengono bolliti vivi e solo quando avvertono l'insopportabile calore cercano di uscire con tutta la loro forza dalla pentola...

I FULMINI

Se ci troviamo sotto un temporale in una zona priva di cose che potrebbero fungere da parafulmine (alberi alti, tralicci, pali, costruzioni, antenne, ecc.) è meglio essere completamente inzuppati d'acqua piuttosto che asciutti. Se ci colpisse un fulmine quando siamo asciutti, quasi certamente non sopravvivremmo, se invece siamo intrisi d'acqua, potremmo avere qualche chance di sopravvivere perché l'acqua su di noi fungerebbe da gabbia di Faraday. Gli elettroni non ci attraverserebbero ma passerebbero sulla superficie creata dall'acqua, perché essendo tutti della stessa carica (negativa per convenzione), si respingono quanto possono ovvero si dispongono tutti esternamente al corpo (continuando il loro percorso di scarica a terra), in particolare, sullo strato d'acqua (seppur sottile) accumulatosi sulla pelle e sugl'indumenti. Più si è bagnati meglio è. Se si è appena inumiditi, la scarica elettrica, data la gran quantità di elettroni (corrente molto intensa) per forza di cose attraverserebbe il nostro corpo carbonizzandoci o quantomeno la nostra pelle ustionandoci probabilmente a morte. In mare è accaduto a surfisti, generalmente svenuti e annegati ma non ustionati. Lo svenimento probabilmente è causato dal forte frastuono (il tuono) più che altro. Quelli recuperati celermente sono sopravvissuti. Quando non vengono recuperati subito, annegano. Quando il fulmine cade in mare uccide i pesci in prossimità? No! Perché? Per la stessa ragione appena descritta: gli elettroni respingendosi si allontanano gli uni dagli altri il più possibile, dunque in mare, restando tutti sulla superficie, si disperdono e la corrente elettrica che potremmo misurare tra il punto di contatto del fulmine con l'acqua e un qualsiasi punto poco distante sarebbe bassissima.

GLI DEI

Nella Bibbia si parla anche di "nephilim" (i giganti, antichi umani alti oltre 10 metri, possibili sopravvissuti di Atlantide). Sono stati realmente ritrovati resti di scheletri giganti (teschi inclusi) con proporzioni e forme identiche (o quasi) a quelle umane, alti 36 piedi (quasi 11 metri). In altri scritti antichi (i Testi Sacri) di "benei ha elohim" (i figli degli elohim partoriti da madri terrestri). Il vero significato di elohim è "gli splendenti", individui molto superiori all'uomo ma non spirituali, quindi non Dei (discesi volutamente, secondo alcuni studiosi o caduti accidentalmente dal cielo, secondo altri). In principio "Dio" creò il cielo e la terra poi fece l'uomo a sua immagine e somiglianza. In realtà traducendo correttamente c'è scritto "facciamo l'uomo a nostra immagine e somiglianza". Quindi erano più entità a cooperare. Forse con una tecnologia avanzatissima adattò (o adattarono) il "cielo" (l'atmosfera) rendendolo compatibile per la vita, quindi bonificò (o bonificarono) anche la terra, infine creò (o crearono) l'uomo (o meglio, gli uomini e le donne). Come? Manipolazione genetica? Generandolo in modo "naturale" (a buon intenditor' poche parole)? Lo creò dal nulla? Se l'uomo assomiglia a "Dio", ovvero il creatore è almeno in parte come la sua creatura, "Dio" non era certamente in grado di creare tutto dal nulla, altrimenti anche l'uomo, ammettendo di avere ridottissime capacità rispetto al suo simile e creatore, sarebbe in grado egli stesso di creare qualcosina dal nulla. Allora chi o cosa era "Dio"? Un alieno? Un più antico terrestre, tecnologicamente molto evoluto e considerato un Dio? Ogni popolazione antica credeva fermamente nell'esistenza di un proprio Dio o di svariati Dei. Ad esempio gli hannunaki per i Sumeri. Tutt'oggi le popolazioni credono nell'esistenza di un Dio anche se a seconda della religione cambia anche il Dio in cui si crede. Quanti Dei sono in tutto tra quelli antichi e quelli moderni? Chi ha creato tutti questi "Dei"? "Dio" se esiste è unico e a mio parere ne facciamo parte. Credo che "Dio" sia il tutto da sempre e per sempre, onnipotente e onnipresente, autogenerato e non creato. Se consideriamo "Dio" come una entità eterna che ha creato tutto nell'infinito spazio cosmico, ci avrebbe dedicato fin troppe attenzioni ai tempi di Gesù di Nazareth. Dopo l'avvento di Cristo è diventato compito nostro progredire spiritualmente (e non solo). Si dice: "aiutati che Dio ti aiuta". Sono d'accordo, perché se concepiamo "Dio" come pocanzi descritto, probabilmente siamo parte integrante del "creatore". Siamo in grado di "creare" (leggasi generare) nostri simili? Quante altre cose siamo in grado di "creare"? Quindi siamo anche noi (e non soltanto noi) dei creatori? Un giorno, più o meno remoto, saremo in grado di colonizzare e popolare qualche altro pianeta, magari al di fuori del nostro sistema solare, dunque saremo gli "Dei" di quei nuovi mondi? In accordo con questo ragionamento potremmo modificare la frase in: "aiutati che ti aiuti". :-)

VALORI

Attualmente sembrerebbe che i principali valori dei giovani e giovanissimi siano i "like", le visualizzazioni, le condivisioni, i "selfie", i "post", le foto da postare, le pubblicazioni di cosa hanno fatto, dove sono stati, dove sono, cosa stanno facendo, ecc., i videogames (spesso violenti), i tatuaggi e/o i piercing, a volte il fumo, l'alcol, le droghe. Perché? Sono insicuri? Si annoiano? Devono dimostrare qualcosa a qualcuno? Cercano una forma di guadagno "facile"? Invidiano e vogliono essere invidiati? I loro genitori non riescono ad educarli in maniera più sensata? Si stufano di educarli, consigliarli, indirizzarli, supervisionarli, premiarli o punirli opportunamente? Sono sufficientemente presenti? Seguono i loro figli? I tradizionali principi e valori li considerano obsoleti o inappropriati? Forse ignorano quali siano i sani principi e i buoni valori dei nostri avi? La famiglia, l'educazione, la cultura, il rispetto, l'igiene, l'ordine e la pulizia, l'ecologia, i comportamenti esemplari, il lavoro e il suo prodotto (proprio e altrui), l'economia (di qualunque risorsa), l'altruismo, la carità, la stima, l'affetto, l'amore, la gentilezza, la generosità, la bontà, ecc. sono valori sacrosanti che dovremmo avere tutti, non dovremmo perdere mai e tramandare sempre! Spesso vengono mitizzati (anche all'eccesso) ed emulati (almeno in parte, generalmente in quella peggiore) individui che poco hanno di buono mentre vengono ignorati completamente (o quasi) persone di gran valore, le quali tanto fanno o hanno fatto di eccezionale, grandioso e lodevole, che meritano di essere considerate come esempio di vita. Forza genitori e futuri genitori, svolgiamo meglio i nostri ruoli! Insegniamo ai nostri figli quali sono i giusti principi, i veri valori, i doveri morali e civili. Non è compito esclusivo della scuola e dei docenti, dobbiamo essere innanzitutto noi genitori a farcene carico.

REGOLE VITALI

Ingrandimento del buco nell'ozonosfera, aumento della temperatura media, scioglimento dei ghiacci, aumento del livello del mare, della frequenza e intensità delle tempeste, degli uragani... terrorismo, omicidi, guerre, distruzione, morte...

Per contenere, ridurre e speriamo ridimensionare a livelli "tradizionali" e "accettabili" gli squilibri che l'umanità (o disumanità) ha causato, per evitare l'estinzione dobbiamo, tra l'altro, seguire queste quattro fondamentali regole. Tutto il regno animale (noi compresi) e quello vegetale ne saranno grati!

RISPARMIO: evitando di comprare cose inutili, superflue, già possedute... Spostandosi in bici, a piedi, con mezzi pubblici... Evitando sprechi, eccessi... preferendo le cose semplici o semplificate (per esempio un cucchiaio o un bicchiere realizzato nella maniera più liscia e semplificata possibile, piuttosto che decorato, tinto e con i ghirigori, ha certamente contribuito meno al riscaldamento globale). Ho visto fare acquisti di cose mai (o quasi mai) utilizzate. Tanti si affannano per guadagnare sempre più e lasciano trascorrere il ben più prezioso tempo che potrebbero dedicare ai figli (seguirli, educarli, istruirli, indirizzarli, godere della loro crescita intellettiva e magari spirituale, dei loro passi, dei loro progressi), al proprio partner, alla famiglia, a se stessi, agli hobby, alle passioni, allo sport, agli animali e alla natura. Per tutto ciò non necessitiamo di essere straricchi bensì benestanti quanto basta. Potremmo esserlo tutti (ridistribuendo ed equilibrando lavoro e denaro). Utopia? Supponiamo che ci restano pochi minuti di vita, come abbiamo speso il nostro tempo? Cerchiamo di non sprecarne altro! Quella che viene a mio avviso erroneamente definita "Economia" (il circolo di denaro, per intenderci meglio) sarà scaldapianeta? Economia di che? Di quella che chiamo "risorsa pianeta"? Ma va! La felicità, la serenità, la pace interiore, l'appagamento... vengono offerte da ciò che abbiamo di materiale? Quando si ha la smania di avere (cose materiali e/o il "potere") si è felici, appagati e sereni? Si è in pace con se stessi e con il mondo? Molti danno troppa importanza al denaro ma non hanno nessuna cura delle banconote. Stamparle e ristamparle significa contribuire al riscaldamento globale. Produrre oggetti di uso frequente prive della dovuta qualità (spugnette metalliche ossidabili, ombrelli fragili, ecc.) sono scaldapianeta. Anche forme d'arte fuori luogo (graffiti, murales, ecc.) sono deleteri per il mondo, quindi per tutti noi. Spesso si usa diluire (troppo) il sapone per i piatti. Serve per risparmiare? Ragioniamo: diluendolo scorre più facilmente via dalla spugnetta e non ottenendo una giusta schiuma sulla stoviglia trattata si finisce per utilizzarne più del necessario inzuppando ripetutamente la spugnetta con la "saponata". Dunque è un'altra delle infinite pratiche errate, inquinanti e scaldapianeta. Di esempi potremmo farne a stufo, facciamone qualcuno: dimenticare il frigo aperto o tenerlo troppo tempo inutilmente aperto; lasciar scorrere molta acqua, peggio ancora se è calda; non spegnere le luci quando non serve più; lasciare il motore acceso quando si è fermi; correre troppo (la resistenza aerodinamica è direttamente proporzionale al quadrato della velocità, dunque correndo il doppio si consuma il quadruplo). Pure fare varie cose contemporaneamente (cioè non restando concentrati su un'azione per volta) è spesso dannoso. Guidando e guardando il cellulare oppure manovrando lo stereo o facendo altro, cosa comporta? Cucinando e facendo la manicure o la pedicure cosa capita? Pedalando e guardando le vetrine cosa succede? Camminando e guardando quella bella... automobile, cosa accade? Nella migliore delle ipotesi, "soltanto" spreco di svariate risorse. Nella peggiore delle ipotesi? Credo che la risposta sia ovvia: si perde qualche importante (a volte fondamentale) risorsa in più ("forza lavoro" per la società). Passeggiando distratti non accadrebbe nulla di grave? Beh se c'è un escremento (di cane per esempio) lasciato (da un/a "porco/a") sul vostro cammino... ok! E se c'è un tombino aperto? Cosa potrebbe accadere? Non voglio essere troppo esplicito, non sarebbe bello. Analizzando meglio: nella peggiore delle ipotesi, da un lato si perderebbero subito tante risorse, d'altro canto, nel tempo, si risparmierebbero risorse! Questa la dovrei spiegare? Non credo sia necessario. In ogni caso, nell'immediato, fare più azioni insieme, il più delle volte è pro riscaldamento globale. Se siamo più precisi e scrupolosi nell'agire, facendo le cose (azioni, operazioni, compiti, ecc.) in sequenza, una per volta, concentrati, anche per le cose quotidiane più semplici, risparmiamo risorse, sicuramente! Per esempio: se avessimo bruciato del cibo in cottura, avremmo sprecato molte risorse (metano ed energie consumate per la sua estrazione e distribuzione; cibo ed energie per la sua produzione, confezionamento, trasporto, distribuzione, smaltimento o riciclo; acqua ed energia per la fornitura; detersivi per i piatti e per i fornelli ed energie per la produzione, confezionamento, trasporto, distribuzione... e in ultima ma non per ultima, la "risorsa pianeta"). Se avessimo cucinato con più attenzione e scrupolo (concentrati su quello che stavamo facendo), avremmo risparmiato tanto! Quando cuociamo la pasta, se spegniamo il fornello qualche minuto prima della cottura perfetta, aspettando qualche minuto in più, abbiamo ugualmente la cottura desiderata, risparmiando metano e non solo! Chiarendo meglio: se un determinato tipo di pasta cuocerebbe in sette minuti e spegniamo il fornello al quarto minuto, dobbiamo aspettare fino al nono o decimo minuto, col tappo sulla pentola, per avere la cottura giusta. Dopo innumerevoli test si può affermare che... funziona sempre perfettamente! C'è risparmio di un buon 30% (di tutto meno che di tempo, che può essere dedicato ad altro, tanto il fornello è spento). Anche con molti altri alimenti si può fare lo stesso. Il contenuto della pentola o padella opportunamente tappata, mantiene il calore sufficiente per terminare la cottura. Provare per credere! Anche quando rompiamo un oggetto (a prescindere da chi l'abbia comprato) sprechiamo risorse (di tutti). Saper riparare in proprio ciò che si rompe è una gran qualità, si risparmiano tante risorse. Chi non è in grado di eseguire piccole, semplici riparazioni, farebbe meglio ad imparare. Grandiosi sono coloro in grado di riparare qualunque cosa. Meriterebbero un medaglione d'oro. A volte chi saprebbe riparare butta via l'oggetto rotto per mancanza di tempo o per pigrizia. Grave! Anche in questo modo si contribuisce alla distruzione dell'habitat. Dobbiamo fare meno danni possibile. È un "must"! Non possiamo più permetterci il "lusso" di deteriorare il pianeta "blu". Siamo circa otto miliardi di persone e se ciascuno di noi ogni giorno fa una qualsiasi azione scaldapianeta pensando che per una sola volta non sia grave ci ritroviamo con otto miliardi di azioni quotidiane scaldapianeta! Altra caratteristica idiota della nostra società è far trasferire tutti i giorni, andata e ritorno, per molti chilometri (spesso ben oltre 100 km) determinati lavoratori. Andando ad analizzare c'è chi, ad esempio, si sposta dal Lazio per lavorare in Toscana e chi fa il contrario pur avendo le medesime capacità e competenze dunque svolgendo lo stesso tipo di professione. Sono dipendenti di società diverse le quali potrebbero scambiarsi opportunamente i propri professionisti ottenendo gli stessi risultati e riducendo considerevolmente gli sprechi. Non sarebbe meglio ridistribuire ponderatamente i lavoratori in modo da risparmiare e far risparmiare risorse? Siamo diventati frettolosi per qualunque attività e ciò implica certamente abuso di risorse. Forse sarebbe meglio vivere in simbiosi con la natura come fanno tutti gli altri esseri viventi? Il giusto sta nel mezzo. Noi esseri più versatili dovremmo soddisfare il nostro bisogno di conoscenza e di sviluppo scientifico e tecnologico con calma, ponderando costantemente il costo in termini ambientali e moderando adeguatamente il nostro operato in rispetto ai tempi naturali necessari a Gaia per riparare i danni subiti. Ripeto: tutto ciò che l'umanità fa, danneggia l'habitat. "Chi va piano va sano e va lontano"? Certamente! Gaia quanto tempo ha impiegato per diventare ciò che è (o era fino a qualche tempo fa)?

RIUSO: continuando ad utilizzare o riutilizzando ciò che non è guasto o deteriorato... Spesso conviene rigenerare piuttosto che sostituire! Ogni prodotto nuovo ha ulteriormente rovinato il pianeta (la nostra casa; le "quattro" mura, e il tetto o il soffitto, servono solo a proteggerci dalle intemperie e a salvaguardare la nostra privacy). Per "fortuna" nei social network diventano sempre più numerosi e attivi i gruppi di scambio o donazione di prodotti non più utilizzati da chi li cede o baratta ma che servono a qualcun altro. Altra cosa ottima è l'utilizzo sempre più diffuso dei pannolini lavabili, riutilizzabili e riciclabili quando deteriorati. Durano molti anni, quindi possono essere pure ceduti ad altre mamme, permettendo un risparmio di molte, svariate risorse, in primis la "risorsa pianeta" ovvero la più importante! (Ma i bimbi piccoli quanto defecano?! Terrificante!!!)

RICICLO: differenziando correttamente e scrupolosamente i rifiuti in modo da minimizzare i costi in termini ecologici; tutto ciò che facciamo rovina l'ambiente, l'aria, l'acqua, il terreno, il cibo, la nostra salute, quella degli animali e delle piante (che sono cibo a loro volta), del mondo... Disgraziatamente il riciclo è tutt'ora parzialmente effettuato (nel mondo) e spesso non correttamente o addirittura apparente (fanno finta di riciclare). Sarebbe da pena di morte: lucrare per distruggere il pianeta, in realtà. In quel modo cosa ottengono? Denaro? Certo ma soprattutto la fine in maniera subdola e rallentata di tutti gli organismi e pure di chi (umano) s'impegna per riciclare correttamente.

RISPETTO: vivendo pacificamente, seguendo criteri giudiziosi e corretti di vita, rispettando ogni cosa, animata (viva) o inanimata che sia, a cominciare da se stessi. Spesso non si pensa che certe azioni errate siamo i primi a pagarle e comunque, quando non siamo i primi, finiamo per pagarle con gl'interessi (con TAN e TAEG da capogiro)! Per assurdi motivi religiosi uccidono il prossimo che crede in un "Dio" differente. In un piccolissimo punto (infinitesimale) dell'infinito spazio cosmico si professano una gran quantità di religioni (simili o differenti, anche molto). In alcuni Paesi sudamericani ci sono molte più chiese di varia natura che quartieri. Ogni "porzioncina" (più o meno "grande" o

116

"piccola", come si preferisce) di popolazione crede in un proprio "Dio" Non siamo un tantino stupidi? Non abbiamo la mente chiusa? Se esistesse un creatore sarebbe unico altrimenti ci sarebbe il creatore di tutti questi "Dei" e quello sarebbe il vero unico "Dio" creatore di tutto e tutti. E vogliamo parlare dell'abbandono degli animali? Perché li adottano (acquistano) se non si ha la possibilità (o la voglia) di tenerli sempre? Sono come figli quindi, tranne che per alcuni aspetti (abbigliamento, istruzione, vizi e sfizi...) necessitano di bere, mangiare, essere lavati, accuditi, portati fuori... (lasciando pulito) e talvolta di cure mediche. Un animale domestico è un componente della famiglia e va trattato come tale! Chi abbandonerebbe un figlio? C'è anche chi, al contrario, ama profondamente il proprio animale domestico di compagnia e disprezza molti dei propri simili. Purtroppo vero ma assurdo! Non è necessario amare profondamente chiunque ma voler bene o almeno apprezzare il prossimo dovrebbe essere spontaneo e naturale per tutti. Dovrebbe essere una caratteristica umana. L'uomo è l'unico essere vivente sulla Terra che uccide anche senza motivo, per divertimento, per sport, per hobby, perché infastidito, per paura, per rabbia e per sfamarsi. Tutti gli altri animali, belve, bestie, uccelli, insetti, pesci, rettili, anfibi... ammazzano esclusivamente per proteggere i propri piccoli o per nutrirsi e tanti neppure uccidono ma si cibano dei cadaveri. Considerando come spesso agisce l'umanità, dare del disumano può essere considerato un complimento? Impariamo a rispettare realmente! Facciamo si che l'appellativo "umano" abbia effettivamente il valore che gli attribuiamo! E smettiamola d'invidiare il prossimo! Che senso ha? L'invidia logora... gli invidiosi! Le persone invidiate generalmente diventano ancora più invidiabili perché sono tenaci e determinate e dopo uno "sgambetto" o comunque una "caduta", si rialzano e sono in grado di ottenere dei risultati ancora maggiori! Chi invidia non è in grado di essere invidiabile? Sarebbe molto più furbo e intelligente osservare e carpire i "segreti" del successo piuttosto che invidiare. Non sarebbe meglio collaborare con chi invidieremmo? In seguito non proveremmo più questo sentimento deleterio qual' è l'invidia (ne parlo come se avessi invidiato ma in realtà è un sentimento che non ho mai provato e invece ho frequentemente osservato negli altri e ne ho pure "subito" le conseguenze). Niente è facile, tantomeno gratuito, bisogna "lottare" per riuscire. Più intenso è lo sforzo maggiore sarà la soddisfazione! I vincenti lo sanno! Spesso viene osservato solo il risultato e non il lavoro svolto per ottenerlo. Guardando dall'esterno non ci si può rendere conto di tutto, bisogna seguire lo stesso percorso per capire. Anche giudicare gli errori degli altri è inappropriato. Siamo umani, agiamo e reagiamo tutti da umani quindi, nelle stesse condizioni, tutti faremmo gli stessi errori. Errare è umano... Appunto! Perseverare è "diabolico", perciò diamoci una regolata!

È diritto e dovere di chiunque una condotta di vita giusta e non fare o lasciar fare cose irrispettose...

Meditiamo e soprattutto agiamo effettivamente, concretamente, efficacemente, sin da subito, sperando che non sia tropo tardi. Ricordiamoci che noi siamo gli esseri più evoluti sulla Terra e abbiamo tutte le responsabilità.

È più facile (e salvarisorse non solo economiche ma anche planetarie indispensabili per sopravvivere in buona salute) tenere pulito che pulire! Meglio prevenire che curare! Tutte frasi fatte (ottimi sacrosanti consigli) che chiunque conosce ma quanti seguono? Ahimè, anzi #ahinoievoi, o meglio, #ahitutti!

Ogni chilometro quadrato di acqua, considerando tutti i mari (anche gli oceani), i fiumi e i laghi della Terra, contiene 46000 (quarantaseimila) microparticelle di plastica in sospensione. Siamo artefici di attuali e, continuando a non far granché, di future estinzioni di tantissime specie della fauna ittica (e non solo). Di quanta acqua (potabile e non) disponiamo? Di quanta ne abbiamo bisogno? Quanta ne avremo se continuiamo così?

Ci tengo a dire e ripetere certe cose fino alla nausea, senza stancarmi mai, non solo per me e per chi mi sta particolarmente a cuore (come mia moglie, mio figlio, i miei parenti e i miei cari amici) ma per tutti, per il nostro habitat, per l'ecosistema, per il mondo intero!

Cerca bocconcini e trova mozziconi.

Giovane gabbiano reale in fin di vita! Intossicato dalla plastica o da quali prodotti chimici?

DROGHE

Perché molte (troppe) persone si drogano pur sapendo che quelle sostanze fanno malissimo (anche alla società) e sono addirittura mortali (a volte anche per gli estranei a quel mondo)? C'è ancora qualche ignorante sprovveduto che non sa che quei vizi sono autodistruttivi, autolesivi e antieconomici? Esistono tante sostanze naturali che danno la carica e non fanno male (se assunte con moderazione) tipo il ginseng, il guaranà, l'açaì, la taurina, la caffeina, la teina. Se si necessita dell'effetto opposto ce ne sono altre rilassanti e calmanti tipo la camomilla mentre per avere l'organismo sano, il corpo tonico e la mente lucida ed efficiente bisogna fare un'adeguata attività fisica (e tanto amore), una vita regolare e priva di stress, alimentarsi in maniera sana, completa ed equilibrata. Perché usare gli "stupefacenti" (direi stupid-facenti)? Perché esistono i pusher? Generalmente quest'ultimi sono tossicodipendenti a loro volta e non potendo pagare le proprie dosi oppure per lucrare, inducono (spingono, da cui il termine inglese "pusher") altri a diventare tossicodipendenti, quindi rivendono la droga riuscendo a ricavare denaro per acquistarla anche per uso personale. Come fanno? Inizialmente la offrono gratis qualche volta, dopo la vendono, quando la vittima è diventata dipendente e se non ne fa uso va in crisi d'astinenza (tra i tanti sintomi ci sono: grave depressione, sbalzi d'umore, mancanza d'appetito, abulia, anedonia, ipersonnia o insonnia, irrequietezza e aggressività, stanchezza e spossatezza, insensibilità, psicosi, allucinazioni uditive e tattili, paranoia, craving ossessivo). C'è chi entra in quel mondo per motivi psicologici insani, delusioni, curiosità, noia o debolezza di carattere. Legalizzando e gestendo a livello statale e farmaceutico la produzione e somministrazione (ai veri dipendenti e soltanto a loro) della droga cosa accadrebbe? Finirebbe il business delle associazioni a delinquere? Cosa è accaduto legalizzando l'alcol? Chi non fa uso di droghe comincerebbe ad utilizzarle solo perché a buon prezzo e facilmente reperibile in farmacia? Le farmacie dovrebbero venderla al prezzo giusto (non esagerato) dietro ricetta medica quindi esclusivamente a chi è già tossicodipendente e incapace di smettere. Si potrebbe indurre i drogati a seguire un percorso di recupero in sede di richiesta di ricetta medica. Perché tanti sono contrari a tutto ciò? Sono coinvolti in qualche modo nel business? Hanno degli interessi da proteggere? Vengono minacciati? Sanno che durante i conflitti a fuoco tra poliziotti e narcotrafficanti (soprattutto nei paesi produttori ed esportatori) muoiono tanti innocenti (civili) che niente hanno a che fare con tutto ciò? Sanno di essere complici NON processati e giustamente, adeguatamente puniti per i loro indiretti gravi crimini? Non solamente chi gestisce e si arricchisce col traffico di droga, pure chi ne fa soltanto uso è colpevole!

ALCOL

L'etanolo o alcol etilico, chiamato semplicemente alcol, è la base delle bevande alcoliche ma viene utilizzato anche come carburante (in vari Paesi), come combustibile, come sgrassatore, come prodotto di pulizia e igiene in generale (valido per pulire i vetri e le superfici lavabili lisce), nei cosmetici, nei profumi, ecc. L'alcol etilico neutro di origine agricola, prodotto dalla fermentazione degli zuccheri, adatto al consumo alimentare, è quello più diffuso. È presente nelle birre, nei vini, nei liquori, negli amari, nei distillati, e negli aperitivi alcolici. Attualmente l'uso dell'etanolo è legale e gli alcolici vengono venduti liberamente ai maggiorenni in qualunque alimentaria, supermercato, bar, discoteca, locale notturno, ecc. ma non è sempre stato così. La distillazione era abusiva quindi proibita e ciononostante c'era un gran consumo di distillati (whisky, grappa, cachaça, ecc.). Finito il proibizionismo è calato notevolmente il commercio e il consumo di alcolici. Perché? Chi distillava abusivamente faceva pressione in qualche modo sulla gente affinché aumentasse il consumo del proprio prodotto e quindi dei propri introiti. Ora che gli alcolici sono disponibili praticamente ovunque a prezzi comprensivi di tassa statale ma accessibili a tutti, le persone li consumano meno. Quindi la liberalizzazione della vendita e del consumo (da parte dei maggiorenni) delle bevande alcoliche è stata un bene o un male? Oltretutto col proibizionismo lo Stato non ci guadagnava niente mentre con la libera vendita si, ci guadagna! A conti fatti sarebbe meglio liberalizzare, regolamentare e tassare anche le droghe così com'è stato fatto pure con le sigarette!

CATTIVE ABITUDINI

Non dobbiamo fare come tutte e tre le scimmiette (non vedo, non sento e non parlo) e neppure come la quarta scimmietta, quella che non figura mai (forse per la vergogna) e che sta a novanta gradi (in lavatrice?). Tanta gente, soprattutto i giovani e i giovanissimi sono astratti e distratti troppo dalla realtà per colpa dei "social" (sarebbe meglio chiamarli "asocial"), dei giochini informatici e di altre cose che sembrerebbero fatte apposta per rink...retinire e distogliere l'attenzione dalle cose serie e più importanti e dai problemi che riguardano tutti (anche e soprattutto i giovani visto che il futuro è innanzitutto il loro), in modo da poter essere manipolati e programmati cerebralmente al fine di non farli interferire e disturbare sull'operato di alcuni individui definiti da qualcuno "illuminati", i quali sono i veri governatori del mondo. Danno troppa importanza ai selfie, ai like, a tante futilità e nessuna alla precarietà del loro futuro. Utilizzano internet quasi tutto il giorno e raramente fanno delle ricerche per imparare o capire qualcosa di nuovo e per aprire la mente. Quante volte pur essendo vicini/e, praticamente uno/a accanto all'altro/a, utilizzano la rete (internet) per comunicare piuttosto che colloquiare verbalmente e interagire dal vivo? Chi sono i responsabili di tutto questo? Non giocano più all'antica maniera, non praticano più hobby costruttivi tipo il modellismo, magari dinamico, che insegnava ad essere precisi, a lavorare i materiali, a verniciare a padroneggiare con concetti e nozioni di vario genere... A un buon lavoro corrispondevano grandi soddisfazioni, a un pessimo lavoro, i danni, a volte "catastrofici"! Tanti hanno almeno un drone. Autocostruito? Sanno almeno perché vola? Come riesce ad avanzare, a retrocedere, a salire, a scendere, ad imbardare (in senso orario o antiorario), a traslare lateralmente (verso destra o sinistra), ad accelerare o decelerare? A mantenere la quota o a tornare sul punto di decollo autonomamente, oppure a decollare/atterrare automaticamente? Non intendo dire se sanno attivare o meno quelle funzionalità bensì se conoscono i principi che ci sono dietro. Conoscono le leggi fisiche e aerodinamiche, i concetti elettronici e informatici che permettono ai droni di volare? Ne hanno almeno una vaga idea? Non si pongono neppure più tanti quesiti, figuriamoci se cercano di trovare le risposte. Ovvio che esistono (per fortuna) "le eccezioni che confermano la regola".

UNA PROPRIETA' DEI LOGARITMI

In matematica, il logaritmo di un numero (argomento) in una data base è l'esponente al quale la base deve essere elevata per ottenere l'argomento (ovvero il numero stesso). Andiamo subito ad enunciare una proprietà (scoperta da me ormai tanti anni fa): il logaritmo in base **a** fratto **b** di **c** fratto **d** è uguale al logaritmo in base **b** fratto **a** di **d** fratto **c**, con **a**, **b**, **c** e **d** diversi da zero e con i rapporti **a/b**, **b/a**, **c/d** e **d/c** valori reali positivi e con **a/b** e **b/a** diversi da 1. Vi risparmio la dimostrazione (seppur abbastanza semplice) in questa occasione perché questo non è un testo di matematica ma l'ho voluta almeno enunciare per indurre i lettori matematici (o gli appassionati di matematica) a dimostrare autonomamente la succitata proprietà. Qual' è l'utilità di questa proprietà? Lascio a voi scoprire in quali ambiti e in quali circostanze può tornare utile. Ok, d'accordo, una delle possibili dimostrazioni ve la inserisco nella prossima pagina ma i campi di applicazione sarete voi lettori a scoprirli. Parto dalla ben nota formula per il cambio di base di cui ometto la dimostrazione poiché si trova in qualunque libro di matematica che tratti i logaritmi. Badate bene che alcuni passaggi matematici li ho omessi (tipo moltiplicare ambo i membri per -1 e, sfruttando una proprietà dei logaritmi, passa ad essere esponente dell'argomento il quale poi viene trasformato nel suo reciproco) perché credo che non siano necessari per chi conosce la matematica. Immagino che tanti lettori saltino direttamente tutto questo paragrafo. Peccato perché la matematica apre la mente e, come la fisica, torna sempre utile in tutto ciò che facciamo! Tutte le scienze sono utili, anche la chimica, le scienze naturali ecc.. Ci semplificano la vita e talvolta ci offrono soluzioni a dei problemi che non sarebbe possibile risolvere senza la loro conoscenza e il loro utilizzo.

Dimostrazione, della suddetta proprietà dei logaritmi, a seguire:

$$log_v x = \frac{log_u x}{log_u v} \qquad u \neq 1 ; \quad v \neq 1 ;$$

$$u, v, x \in \mathbb{R}^+$$

$$u = \frac{b}{a} \neq 1 ; \quad v = \frac{a}{b} \neq 1 ; \quad x = \frac{c}{d} ;$$

$$a \neq 0 ; \quad b \neq 0 ; \quad c \neq 0 ; \quad d \neq 0 ;$$

$$log_{\frac{a}{b}} \frac{c}{d} = \frac{log_{\frac{b}{a}} \frac{c}{d}}{log_{\frac{b}{a}} \frac{a}{b}} ;$$

$$\left(log_{\frac{a}{b}} \frac{c}{d} \right) \left(log_{\frac{b}{a}} \frac{a}{b} \right) = log_{\frac{b}{a}} \frac{c}{d} ;$$

$$log_{\frac{b}{a}} \frac{a}{b} = \frac{1}{log_{\frac{a}{b}} \frac{b}{a}} = -1 ;$$

$$-1 log_{\frac{a}{b}} \frac{c}{d} = log_{\frac{b}{a}} \frac{c}{d} ;$$

$$log_{\frac{a}{b}} \frac{d}{c} = log_{\frac{b}{a}} \frac{c}{d} <=> log_{\frac{a}{b}} \frac{c}{d} = log_{\frac{b}{a}} \frac{d}{c}$$

Una possibile dimostrazione della mia proprietà dei logaritmi.

TREND DEMOGRAFICO

Qualcuno dichiarò: "chi non ha fatto figli non ha fatto niente nella vita". Davvero? Purtroppo non a tutti è stato concesso il dono della procreazione, con ciò non si può affermare che siano esseri inutili. Basta fare qualcosa di socialmente utile, che abbia conseguenze benefiche "permanenti" per non aver vanificato la propria esistenza. Adottando uno o più figli, crescendoli in maniera sabia e giudiziosa, impartendogli ottimi insegnamenti, sani principi e nobili valori, possono fare ben più di chi ha figli "di sangue" ("biologici") e non li cresce o lo fa male. Certo è che l'unica missione comune degli organismi viventi è garantire il prosieguo della vita ("incarnata"). Chi non ha figli naturali o adottivi cosa fa di utile e "permanente" per il genere umano? Migliora il prossimo in qualcosa? Coopera per migliorare (o recuperare) il mondo? Cura o si prende cura di qualcuno? Domandiamoci sempre: sto servendo davvero oppure sto solo curando i miei egoistici interessi e bisogni? Ma quanti figli è giusto avere? Essendo due i genitori, il giusto sarebbe averne due però siccome siamo circa otto miliardi di persone, dunque decisamente troppi per poter convivere in maniera non deleteria ed equilibrata con la natura, dovremmo scendere a un unico figlio per coppia, almeno mediamente. Potrebbe sempre capitare un parto gemellare, potrebbero nascere, come già accaduto tantissime volte, anche più di due gemelli per parto e chiaramente è tollerabile (ovviamente è difficoltoso per i loro genitori). In definitiva dovrebbe essere concesso un unico parto per ogni donna con compagno e, sembrerà disumano o tutto quello che si vuole, legare le tube alla mamma e vasectomizzare il papà poco tempo dopo il parto. Nel giro di qualche generazione si ridimensionerebbe quanto basta il numero di persone sulla Terra. Altra soluzione al sovraffollamento sarebbe inviare qualche miliardo di persone su Marte e farle restare li. Sarebbe un tantino più complicato. Altre soluzioni troppo disumane le scartiamo a priori, ovviamente! Supponendo che il pianeta rosso sia o diventi abitabile come il pianeta blu, siamo così tanti che, se ci dividessimo tra Terra e Marte, continueremmo a essere troppi su entrambi i pianeti. È un problemone che si potrebbe e si dovrebbe risolvere nel medio termine. Sarebbe anche importante se non fondamentale istruire ognuno su tutte le scienze e le tecnologie in modo da poter continuare a progredire piuttosto che regredire qualora si decimi (per cataclismi o altro) la popolazione. Quanti conoscono l'algebra di Boole (anche detta algebra booleana o reticolo booleano)? Quanti saprebbero progettare e costruire i computer o almeno i suoi componenti (processore, memoria di massa, memorie RAM / ROM / PROM / EAROM / EPROM / EEPROM / EAPROM, monitor, ecc.)? I cellulari? I display? Le reti? Le lampadine a LED? I motori brushless e i loro regolatori? Le televisioni? Le radio? I trasformatori? Gli alternatori? L'impianto elettrico? Quello idraulico? Il cemento? La tecnologia dei materiali? ecc.. Se morissero tutte quelle persone preparate e altamente specializzate che lavorano per realizzare ciò che abbiamo di tecnologico, l'umanità tornerebbe in breve tempo a una situazione medievale. Al contrario, se un cataclisma distruggesse tutto ma restassero in vita abbastanza persone che nella loro globalità avrebbero tutte le conoscenze indispensabili per ricostruire ogni cosa, il mondo tornerebbe ad essere come prima (o meglio ancora). Insegnare "tutto" a tutti è impossibile ma conservare il nostro patrimonio culturale sarebbe possibile e doveroso. Sarebbe saggio distribuire fittamente delle complete "banche dati" e delle fornitissime "biblioteche" multilingue (in almeno tutte le lingue più diffuse) su tutto il pianeta (pure nel sottosuolo). Le informazioni in formato digitale non convengono perché potrebbero essere inutilizzabili (anche se i video sarebbero molto più chiari, espliciti ed esaurienti di tante parole), la carta scritta e illustrata va meglio, le incisioni ancor più ma occuperebbero troppo spazio. A mio parere tutti dovremmo avere almeno una "infarinatura" su "tutto". Il problema grande è che attualmente si sfrutta internet quasi esclusivamente per comunicare, per socializzare e per il commercio (acquisto/vendita) piuttosto che per erudirsi e indottrinarsi. Grave! Qualcuno direbbe: è il volere subdolo e perfido degli "illuminati". E perché non gli spegniamo la luce? :-)

DONAZIONE

Se avessimo bisogno di una trasfusione di sangue, di plasma o del trapianto di un organo a chi ci potremmo affidare se non esistessero i donatori? E vero che stanno sperimentando tecniche di stampa 3D degli organi con cellule staminali (è già stato stampato un "cuore" per valutarne la fattibilità e progredire con la ricerca) e in futuro (se non ci estinguiamo prima) potremo fare a meno della donazione e di tutti i problemi annessi però fino a quel giorno i donatori serviranno e più ce ne sono meglio è per tutti (personalmente dono sangue o plasma dal 1998 e ho pure sottoscritto la volontà di donare i miei organi). Perché non diventare donatore o donatrice? Mancano i requisiti? Tatuaggi, piercing, mancanza di rispetto per se stessi (assunzione di sostanze... promiscuità...), perciò non è possibile? Se fossimo tutti così nessuno potrebbe usufruire di una donazione. Certi individui meritano nonostante non si rispettino? Sono giustificate solo le persone con problemi di salute non compatibili con la donazione fintantoché non guariscano.

CELLULARI

I cellulari stanno sempre più sostituendo i notebook che già sostituirono in gran parte i PC desktop (che sono sempre e comunque preferibili per svolgere compiti che necessitano di elevata potenza di calcolo, di dispositivi di memorizzazione molto capienti e magari di monitor grandi e/o multipli). I tablet invece hanno ben minor diffusione e vengono utilizzati quando il display del cellulare benché possa essere di circa 6" (sei pollici) o poco più, risulta insufficiente, ad esempio come visore per droni (vedi SAPR ossia Sistema Aeromobile a

Pilotaggio Remoto). Tutti questi moderni dispositivi sono un "bene" oppure un "male"? Come per tutte le cose, se usati con intelligenza sono una gran cosa! Purtroppo, spesso vengono utilizzati per scopi malevoli, altre volte se ne abusa (inteso come uso eccessivo). Lasciare usare tali dispositivi ai minori senza la supervisione dei genitori è prudente? Trascorrere troppo tempo utilizzando i cellulari e suoi "parenti" è costruttivo? Fa bene alla salute? Socializzare o scambiare informazioni quasi esclusivamente da "remoto" (a volte si comunica con una persona seduta accanto tramite tali dispositivi) a che serve? I bambini hanno mai visto i grilli, le cavallette, le lucertole, le lumache, ecc. dal vivo? Hanno mai trovato un quadrifoglio? Hanno almeno visto i trifogli? Un tempo veniva diffusamente praticato il modellismo dinamico all'aria aperta, si respirava aria pura e si beveva acqua limpida e salubre! Bisognerebbe alternare quelle educative attività all'aria aperta con l'utilizzo della tecnologia dei tempi moderni magari quando il tempo (meteorologico) non permette di uscire. È fondamentale interagire e socializzare dal vivo! È sempre più diffuso l'utilizzo del tablet a scuola. Ci sono innumerevoli vantaggi: meno libri (e meno peso nello zaino o in cartella) che possono essere tutti contenuti per intero nel tablet in formato digitale (PDF o altri), meno inquinamento, meno riscaldamento globale, minor decesso delle api, ecc.. Però c'è qualche problema (risolvibile): ricarica della batteria, rottura, perdita, furto... Le soluzioni? La batteria si può ricaricare anche a scuola e comunque esistono validi power-bank forniti anche di un pannello fotovoltaico (integrato su un lato), la rottura può essere evitata con buone protezioni (cover elastica, robusta, ben realizzata e pellicola protettiva multistrato, con maggior resistenza sul lato che aderisce al display), mentre la perdita e il furto si possono risolvere col tracciamento (che tutti i sistemi operativi già prevedono) del cellulare/tablet. È vero che bisogna tenere e mantenere acceso il dispositivo, la connessione dati, il GPS, la Wi-Fi e magari anche il Bluetooth attivo, e che non dev'essere spento da chi trova o ruba il dispositivo, quindi è indispensabile cambiare qualcosa e mi meraviglia che i progettisti nonché i produttori non abbiano pensato ad un sistema semplice quanto geniale per risolvere il problema. Volutamente? La dritta ve la do io! Lo spegnimento del telefonino o del tablet, l'attivazione della modalità aereo, la disattivazione della connessione dati, del GPS, della WiFi e del Bluetooth devono essere possibili solo tramite codice (PIN/grafico), impronta, riconoscimento facciale o dell'iride (dx/sx)! Se il dispositivo non può essere spento ed è bloccato alla schermata iniziale, continua ad essere tracciabile fin quando dura la carica della batteria! Finché esistono i ladri che credono di essere "furbi" bisogna essere ancora più furbi di loro! Furbo è chi non prova a fare il furbo!

DISPOSITIVI ANTIABBANDONO

Esiste una legge in Italia (e in Europa) per evitare di dimenticare i bebè (fino a quattro anni) in auto, poiché è già accaduto a diverse persone di dimenticare il proprio figlioletto (o figlioletta) in auto con epilogo il più delle volte fatale, a causa di quella che viene denominata in gergo medico: "amnesia dissociativa". Sono state concepite delle direttive tecniche per detti dispositivi antiabbandono. Analizzando attentamente ogni dispositivo progettato e realizzato per soddisfare tali specifiche risulta fallace in qualche aspetto, situazione o condizione (scarica della batteria; perdita, furto o rottura del cellulare; tempesta magnetica solare, ecc.). Dispositivi che oltretutto costano molto più di quello che valgono! Meschina speculazione su una necessità che la Legge ha cercato di soddisfare? Sui modernissimi aerei militari (e non) dove è fondamentale controllare tutto e non dimenticare assolutamente nulla quale strategia viene adottata? Per controllare esternamente l'aereo cosa è previsto? La frase "remove before flight" ricorda qualcosa? I crew-chief (i capo-tecnici) effettuano tutti i controlli e le eventuali riparazioni e quando tutto è in perfette condizioni appongono le etichette rosse con la scritta "remove before flight". Il pilota, prima di salire a bordo (e continuare con gli altri controlli, quelli interni) fa il giro di "controllo" dell'aereo e rimuove tutte le etichette rosse assicurandosi che sia stata controllata e sistemata ogni parte esterna dell'aereo dai crew-chief. Analogamente (ma in maniera inversa) a quanto si fa efficacemente con gli aerei si potrebbe usare un nastro (largo ed evidente, di colore rosso, azzurro o rosa) riportante la scritta "DON'T REMOVE WITH BABY IN CAR" (ossia: "non rimuovere col bambino in macchina") da prendere dal seggiolino e apporre al polso destro (se non si è mancini) nel momento in cui si posiziona e lega il bambino (o la bambina) sul seggiolino e poi toglierlo dal polso per riporlo nel seggiolino dopo aver tolto il bambino. Prima che la Legge mi obbligasse a comprare un dispositivo antiabbandono già risolvevo il problema in questo modo e funzionava benissimo! Metodo economicissimo (costa al massimo qualche euro), abbastanza ecologico (soprattutto se realizzato con materiali naturali come il cotone, il lino o la lana), pratico e non soggetto ad inconvenienti di vario genere tipo quelli che sorgono o potrebbero presentarsi con gli attuali sistemi elettronici in commercio che tra l'altro costano dai 60 euro a salire, inquinano e contribuiscono molto di più al surriscaldamento globale! La fascia non si può guastare, non ha una batteria che si possa scaricare, non è a rischio di furto, ecc.. Avendolo al polso, stando fuori dall'auto (in un negozio, in una farmacia, in una stazione di servizio, in un bar, ecc.), tutti capirebbero che c'è un bimbo (o bimba) incustodita in una macchina. Sarebbe ridicolo avere un nastro legato al polso? Dimenticare il figlio in auto quanto sarebbe ridicolo? Non sarebbe decoroso avere quel nastro al polso? Quanto sarebbe decoroso il decesso del proprio figlio? Porto quel nastro (celeste) al polso con orgoglio ("a testa alta") sicuro della sua efficacia e me ne frego di quello che pensano gli stu....diosi e i sostenitori degli altri sistemi, fermo restando che mi sono dovuto fornire anche di un sistema riconosciuto "idoneo" dalla Legge. Se il/la conducente ha una malore (sviene o muore) e il bebè è in auto il nastro al polso non serve a niente? Un sistema elettronico che chiama qualcuno (forse troppo distante) che non riuscirebbe ad arrivare in tempo (ammesso che riceva e si accorga subito dell'allarme) serve a qualcosa? È già accaduto che qualche passante ha dato l'allarme a qualche pubblico ufficiale riguardo la presenza di un neonato lasciato in qualche auto in sosta. Questa attitudine è nobile, civile e doverosa. Quanta altra gente è passata incurante pur notando il neonato solo in auto? Porre dei segnali ben visibili dall'esterno che un auto contiene o potrebbe contenere un bebè (tipo adesivi "Bebè in auto" o simili) è un'ottima cosa! Più ce ne sono (in ogni lato dell'auto) meglio è! Dice il saggio: una soluzione geniale è una soluzione semplice! Per scaldare una pentola d'acqua o cuocere un uovo in padella, in una calda giornata estiva e in assenza di combustibili (e pure di fiammiferi, accendino, occhiali da vista o lente d'ingrandimento), si può metterla su una pietra ollare nera (a patto che se ne sia già provvisti) termoisolata dalla parte a contatto col suolo per non disperdere calore oppure si potrebbe anche adoperare della legna (supponiamo già posseduta, opportunamente tagliata e ben secca), avere un luogo adatto per arderla e trovare un metodo efficace per accendere il fuoco (quale? Quante ulteriori operazioni sarebbero necessarie durante e dopo?). Quale delle due soluzioni sarebbe preferibile? È solo un esempio per evidenziare che c'è sempre una soluzione più semplice e conveniente di altre.

DON'T REMOVE WITH BABY IN CAR!

PANNOLINI E ASSORBENTI

Quanti pannolini al giorno vengono usati per un solo bebè? Circa 8 o 9 pannolini usa e getta nell'ambiente e/o nel mare? Per quanti anni? Circa 2 o 3 anni? Quanti decenni o secoli impiegano per disintegrarsi completamente? Affermano che sono necessari circa 450 anni. Essendo quasi otto miliardi gli individui (il numero di persone sulla "Terra") di cui poco meno della metà (gli altri utilizzarono pannolini in tessuto naturale) hanno lasciato nell'ambiente (e in mare) un quantitativo di pannolini non inferiore a 3x10^9 (persone) x 365 (giorni) x 8 (pannolini) x 2 (anni) = 17520x10^9 pannolini (composti da materiali sintetici non biodegradabili né compostabili né riciclabili e tantomeno riutilizzabili). Conviene, non solo economicamente, utilizzare i pannolini lavabili di tipo moderno, regolabili con gli inserti assorbenti realizzati col bambù, quindi ecologici anche dopo aver concluso il loro "ciclo di vita". Per la gioia delle mamme sono colorati a tinta unita o con disegni a fantasia ma sarebbe meglio produrli senza colorarli (lasciandoli col colore naturale dei materiali utilizzati). Purtroppo poche mamme li conoscono e ancor meno li utilizzano. Una giovane mamma pur conoscendo questi "innovativi" pannolini (in realtà è un ritorno alle usanze passate ma con i vantaggi dei materiali e delle tecnologie moderne) ha affermato che avrebbe continuato ad usare i pannolini monouso e che il danno è stato già fatto dalle passate generazioni quindi non ha responsabilità. Assurdo! In passato sono stati commessi innumerevoli enormi errori, per ingenuità, ignoranza (mancanza di conoscenza) e forse per superficialità ma adesso sarebbe imperdonabile perseverare errando! Cos'anno nella testa? Più giudizio gente! Giudizio! Anche riguardo gli assorbenti per le donne (non in menopausa e in età fertile) e i pannoloni per gli anziani si possono trovare delle soluzioni ecologiche. Per gli anziani si potrebbe fare altrettanto. Per le donne esistono pillole contraccettive (a base dell'ormone femminile progestinico: il Desogestrel) che impediscono le mestruazioni, dunque possiamo considerarle ecologiche secondo un determinato punto di vista, evitano l'uso e lo smaltimento degli assorbenti femminili. Usare dette pillole per lunghi periodi di tempo farebbe male? All'economia certamente si, all'ecologia sicuramente no, alla salute delle donne non saprei. Dicono che aumenti un po' il rischio di tumore. Certo che, adottando tale strategia, con le diffuse e innumerevoli malattie veneree, la promiscuità dev'essere assolutamente evitata!

Pure l'utilizzo di rasoi usa e getta dovrebbe essere evitato.

ABUSO E VIOLENZA

Purtroppo ancora molti bambini vengono, nella migliore delle ipotesi, sfruttati come forza lavoro a causa delle grandi difficoltà economiche di tante famiglie (non solo nel "terzo mondo") e spesso lasciati in balia della "selezione naturale" che a volte per caso fortuito (permettetemi di dire sfortuito) finiscono male... Vogliamo parlare anche dei bambini esplorati sessualmente? Se c'è offerta c'è richiesta o viceversa? Schifosi, ripugnanti, disgustosi, nauseanti, rivoltanti, stomachevoli, vomitevoli... quegli esseri che praticano o permettono questo tipo di abusi. Almeno la Legge punisce sia chi abusa che chi permette o non denuncia tali atrocità. Bambini sottratti alla loro infanzia, al gioco, alla scuola e allo studio, che non vengono adeguatamente educati, responsabilizzati e istruiti come meriterebbero. Nascono puri e con le potenzialità di qualunque altro bambino sano e normale ma poi, il loro percorso esistenziale minato da "forzature" e da eventi più o meno traumatici viene deviato in direzioni quantomeno sbagliate. Colpa di chi? Una persona mi disse: "lascia che il bambino (mio figlio) disordini e rompa quello che vuole". Pazzesco! Evitai polemiche, come mio solito, rimasi in assordante silenzio rivolgendo a quella persona uno sguardo più che eloquente. Finché c'è gente che pensa (e agisce) in quei modi assurdi come potrebbe migliorare la nostra società? Sembra addirittura in aumento (oppure a differenza del passato adesso se ne parla maggiormente) la violenza (innanzitutto fisica) sulle donne. Che esseri spregevoli sono quelli che infieriscono sulle donne? Mi sembra evidente che tutto nasce molti anni prima, durante l'infanzia o l'adolescenza di quegli individui aggressivi e violenti nei confronti delle donne. Generalmente chi subisce poi infligge, quasi nessuno "porge l'altra guancia". In tutte le famiglie ci dovrebbe essere sempre serenità, amore e armonia. La società con i suoi ritmi incalzanti e le sue imposizioni, troppo spesso stressa le persone che pur essendo "buone di cuore" a volte diventano nervose e intaccano (temporaneamente? Si spera!) quel mite ambiente familiare. Una persona buona e sana di mente mai e poi mai arriverebbe a far del male. Come nasce e cresce una persona buona oppure cattiva? Non si nasce, si diventa? Anche un'esperienza traumatica durante il parto potrebbe iniziare a delineare il carattere del nascituro? È un problema di geni (corredo genetico)? Credo che la responsabilità sia sempre e comunque dei genitori. Fare il genitore è il compito più difficile del mondo ma tanti (troppi) non ci mettono neppure la metà del dovuto e indispensabile impegno. Essere un perfetto genitore sarebbe da Premio Nobel. Quasi nessuno ci riesce ma impegnarsi al massimo per cercare di essere, se non un ottimo, almeno un buon genitore, marito (o moglie), tutti possiamo! Non da trascurare che anche i figli devono metterci il loro impegno per cercare di essere esemplari (nel senso di "buon esempio" per tutti gli altri)!

INFERNO, PURGATORIO E PARADISO

Quando abbiamo iniziato a parlare di luoghi dopo il "trapasso"? Chi ha accennato per la prima volta dell'esistenza dell'inferno, del purgatorio e del paradiso? Dante Alighieri? Forse le loro origini sono ben più antiche ma non è questo aspetto che voglio evidenziare. In letteratura si possono fare delle ricerche per conoscere la loro vera origine. Voglio porre tutt'altri quesiti. Dove sono situati quei "luoghi"? Chi li ha creati? Chi li gestisce? Come? Sarà più bello fare il dipendente (lavoratore) in paradiso, nel purgatorio o all'inferno? Come si viene assunti? Meglio lavorare in paradiso che essere in castigo all'inferno? Meglio lavorare all'inferno che scontarne le pene? Sono luoghi esclusivamente per gli umani oppure per tutti gli esseri viventi? Solo per i terrestri oppure anche per gli extraterrestri? Gli umani quando, come e perché meritano di andare in un luogo anziché in un altro? Gli animali cosa devono fare o non fare per finire in un luogo piuttosto che nell'altro? Le piante, che probabilmente hanno anch'esse un'anima, non fanno niente di male quindi meritano il paradiso? Il paradiso come è fatto? Che forma assumono le anime premiate e collocate in paradiso? Il paradiso è pieno di vegetazione e di animali mentre l'inferno ha solo fuoco, fiamme e tanti esseri antropomorfi cattivi? All'inferno si "muore" dal caldo? In paradiso che tempo (meteo) fa? Potrebbe essere che non esistono tali "luoghi"? Sentii dire: "qui si fa e qui si paga". Sarà vero? Il bene e il male esistono probabilmente da sempre e per sempre e nessuno dei due prevale sull'altro. Quale essere vivente buono non è mai stato cattivo e quale malvagio non è mai stato buono? È vero che non tutto il male viene per nuocere? È vero anche il contrario? A prescindere dalle eventuali "punizioni divine" è giusto otre che conveniente non essere cattivi. Ci piacerebbe subire delle cattiverie? Si dice: "chi la fa, l'aspetti". Chi è "diabolico" subisce cattiverie e chi è "angelico" gode di buone attitudini altrui nei propri confronti seppur inaspettate, o no?

ANTICRISTO

Senza dilungarci su questo argomento sul quale tanti libri sono stati già scritti, ricordiamo in breve il significato conciso della parola Anticristo: "persona diabolica e malvagia, nemica dell'umanità". I sostenitori dell'avvento dell'Anticristo credono che nel breve termine farà la sua apparizione in società una persona così subdola e malvagia nell'indole che porterà alla devastazione del mondo così come lo conosciamo. Osservando gli avvenimenti degli ultimi tempi e le azioni dei "grandi" (i pezzi grossi o se vogliamo: i grossi pezzi... della società!) del nostro adorato pianeta, mi vien da pensare che forse già potrebbe essere tra noi quell'individuo (o quegli esseri spregevoli) che qualcuno ha già definito "anticristo" (scritto volutamente con la a minuscola). Si tratta davvero di un "anticristo" o si tratta solamente di un "povero" "cristo" con folli manie (turbe o fobie) di grandezza? Un probabile malato mentale che grazie al suo fascino, al suo carisma e a tanto altro, riesce non soltanto a far credere di essere integro (mentalmente) ma che tutto quello che pensa, dice e compie è (sarebbe) giusto e necessario? Chi ci potrebbe venire in mente pensando ad un eventuale "anticristo"? Perché? Quale potrebbe essere il fine dell'"anticristo"?

CRISTIANESIMO

Il cristianesimo è la religione più diffusa al mondo. Non voglio parlare della sua storia e di tanto altro che è possibile trovare altrove in maniera dettagliata e approfondita ma voglio ragionare con voi lettori su questo argomento. Ci sarebbe così tanto da dire che non basterebbe un sol libro. Cerco di essere quasi telegrafico (come al solito). Se non esistesse un Dio così come viene descritto dal clero, la gente continuerebbe a cercare di comportarsi il meglio possibile?

Da quanto ho precedentemente scritto, qualcuno potrebbe avere la propria fede vacillante o quantomeno potrebbe cominciare ad avere qualche dubbio. Spero che questo non comprometta o riduca il perbenismo già tanto discontinuo sia nel tempo (di vita) che nello spazio (geografico). A prescindere dal fatto che esista o meno un Dio creatore... è corretto, giusto, rispettoso, bello oltreché conveniente a tutti continuare a comportarsi bene se non meglio ancora anche se non dovesse esistere un Dio, il paradiso e l'inferno. Dovremmo impegnarci tutti per rendere il nostro mondo e la nostra esistenza un paradiso. Sulla Terra il paradiso potremmo costruirlo tutti insieme, nella vita ultraterrena il paradiso chi lo ha costruito per noi? Come, quando e perché? Ci piace il rispetto altrui (nei nostri confronti)? Rispettiamo anche noi! Amare potrebbe essere un sentimento troppo grande per sentirlo/provarlo/esprimerlo a chiunque. Non sarebbe spontaneo e neppure indispensabile. L'amore immenso e autentico purtroppo e per fortuna è appannaggio di pochi per pochi. Qualcuno direbbe che solo Dio può amare tutti. Riusciamo ad amare veramente i componenti della nostra famiglia più pochi altri. Solo qualcuno/a riusciamo ad amare intensamente però possiamo rispettare chiunque e non perché altrimenti meriteremmo una punizione divina eterna. Sentii dire: "qui si fa e qui si paga". C'è chi non crede in una giustizia divina (un tribunale post esistenza terrena). Sarà vero? Chi si comporta male, malissimo o ancor peggio viene sempre punito durante la sua esistenza? Perché tanti innocenti "pagano" delle pene per crimini non commessi? Come potremmo far capire a tutti che dobbiamo agire sempre in maniera onesta? I delinquenti che si ritrovano liberi e a volte al loro posto scontano le pene altri individui innocenti, provano almeno un poco di vergogna? L'onore dov'è? Dormono tranquilli? Vivono sereni? Quanta soddisfazione hanno nel possedere tanto denaro facile e sporco (quasi sempre anche di sangue) e di vivere nel lusso inutilmente esagerato? Finché esistono falsi valori (ricchezza, potere, fama e lusso) e principi insani (del tipo "morte tua vita mia"), non c'è chiesa o religione che tenga. Perché in molte chiese (soprattutto dell'America Latina) il "padre" (Prete) urla tanto? Urlare o comunque parlare a voce troppo alta non è una forma di mancanza di rispetto? Quel tipo di chiese sono frequentate da non udenti (o poco udenti)?

ASTROLOGIA, SUPERSTIZIONE, CREDENZE POPOLARI, GIOCHI D'AZZARDO

L'astrologia ha fondamenti scientifici? Come potrebbero mai essere influenzati i comportamenti, i pensieri, gli stati d'animo, le emozioni, i sentimenti, le casualità, gli accadimenti, ecc. dalla disposizione dei pianeti del nostro sistema solare rispetto a delle stelle lontane centinaia di migliaia se non milioni di "anni luce" da noi e tra loro? Infatti qualcuno dotato d'intelligenza che racconta l'oroscopo dice "giochiamo con gli astri". Perché di un gioco si tratta! L'astrologia non è una scienza, al contrario dell'astronomia! Tanta gente non si limita a leggere o ascoltare l'oroscopo come passatempo o giusto per sorridere ma si lascia influenzare. Quando l'oroscopo racconta cose buone e/o belle sarebbe anche un bene, con effetti positivi ma non sempre è così. La superstizione è un'altra "debolezza" dell'essere umano ancora non abbastanza evoluto (intellettivamente). Un corno (quasi sempre rosso) come potrebbe mai evitarci delle "sfortune" (leggasi casualità avverse)? Vennero spesi trentamila euro per costruire un enorme corno in un piazzale... che fortuna ha portato oppure che sfiga ha scongiurato? Direi nessuna ma con certezza ha ridotto i fondi comunali! Un quadrifoglio può servire? "Grattarsi" oppure "fare le corna" (con la mano!) o incrociare le dita, funziona? Non potrebbe essere molto più utile porsi in uno stato d'animo "positivo" per evitare la "sfortuna"? A volte basta non essere distratti o meglio ancora essere concentrati su quello che facciamo per evitare qualche "sfortuna". Se compriamo un biglietto della lotteria e non vinciamo non è questione di "sfortuna". Sarebbe una immensa "fortuna" (leggasi casualità favorevole) vincere considerando la scarsissima probabilità di vincita. Analogo discorso vale per qualsiasi "gioco d'azzardo". Perché vengono definiti "giochi d'azzardo"? Perché è un vero azzardo giocare! Se calcoliamo la probabilità di vincita di ciascun gioco cosa notiamo? Che l'eventuale vincita non è mai equa ovvero la somma (quantità di denaro) dell'eventuale vincita non è mai pari al prezzo pagato moltiplicato per l'inverso della probabilità (o, equivalentemente, alla somma pagata diviso la probabilità di vincita). Perché esistono le lotterie e tutti i suoi "parenti"? Se i giochi fossero equi lo Stato non ci guadagnerebbe.

Personalmente mi rifiuto di giocare a qualsiasi gioco ingiusto (non equo). Ritengo inutili tutti quei riti antisfiga (contro la sfortuna) o pro fortuna (o portafortuna)! Davvero c'è chi crede che esista la "Dea bendata"? Dove e quando sarebbe nata? Non ha niente di meglio da fare che starsene tutto il tempo con una benda sugli occhi e baciando ogni tanto qualcuno (o qualcuna) a caso che gli capita "a tiro"? Come farebbe un bacio, seppur di un'avvenente "Dea bendata", a far vincere il "ben capitato" (o la "ben capitata")? Ma daiii...! E poi perché usa la benda? per non vedere la faccia di chi viene baciato/a? :-D Forse immagina sempre che sia bellissimo come l'uomo... pardon! il Dio dei suoi sogni... :-)

UTOPIA V.2.0

Ogni giorno, in qualche modo, lavoriamo per guadagnare il denaro che ci serve per vivere e pagare tutto ciò che c'è da pagare. Per tanti il denaro guadagnato è insufficiente e per altri è più del necessario e a volte è addirittura "troppo" (ma non ci si accontenta mai e proprio in questo dovremmo maturare). Se lavorassimo tutti senza ricevere retribuzione funzionerebbe? Supponiamo che nulla si fermi e tutto continui così com'è (o quasi, dando impiego a tutti e ridistribuendo e riducendo il carico di lavoro a chiunque, quindi avendo più tempo libero che vale molto più del denaro), senza avere la necessità di guadagnare e di spendere denaro, quindi abolendolo, potrebbe funzionare? Se trovassimo comunque il cibo in frigo, se le forniture di acqua, elettricità, gas, ecc. continuassero allo stesso modo, se chiunque potesse avere le cose che tutti meritano (senza eccessi né squilibri tra persona e persona) a patto che tutti continuino a lavorare, se ci scambiassimo almeno ogni settimana, se non più frequentemente, il lavoro (attualmente usurante e spesso mal pagato per determinate categorie di lavoratori mentre fin troppo comodo ed eccessivamente remunerato per altre), se contribuissimo al lavoro "degli altri", come sarebbe? Ovviamente assentandosi dal lavoro senza giustificato lecito motivo, verrebbero ridotte o, in caso di recidività, annullate in parte o in toto le forniture di cibo, acqua, ecc. nonché i vari diritti e privilegi. Quindi ci si troverebbe obbligati a non bigiare il lavoro. Certo che tutti dovrebbero, nel corso della propria esistenza, acquisire capacità e formazione diversificate e adeguate per poter svolgere ogni tipo di attività. È pur vero che determinate professioni richiedono alta specializzazione e/o addestramento (tipo pilotare un aereo di linea) quindi non sarebbe prudente cambiare frequentemente il pilota ma potrebbe sempre riposarsi qualche giorno (fino a cinque giorni di pausa non è previsto neppure il volo di ripresa) magari svolgendo un altro genere di lavoro più blando. L'assegnazione del lavoro per tutti sarebbe garantita da computer in rete che sfruttando un unico, enorme, globale database, grazie ad un apposito software assegnerebbe tipologia e luogo di lavoro ad ognuno col dovuto anticipo, in modo casuale e ponderato allo stesso tempo (evitando ripetizioni di luogo e tipologia nel breve e medio termine e soprattutto di mandare lontano i lavoratori), sventando la possibilità di avere dei conflitti (nel senso di multiple e contemporanee assegnazioni allo stesso individuo oppure il medesimo compito a persone differenti). Utopico? Se io ho imparato a fare svariati lavori (tecnico informatico, fotografo, bagnino, assistente bagnanti, disegnatore CAD, grafico, videomaker, giardiniere, elettricista, imbianchino, falegname, carpentiere, muratore, idraulico, tuttofare, pilota, ecc.; molti dei quali a livello basico), talvolta eseguiti gratuitamente, chiunque può farlo (a patto che non sia un diversamente abile o abbia qualche impedimento). Tutte quelle persone che lavorano esclusivamente per mandare avanti la "macchina economica" dovrebbero cambiare professione e stile di vita. Purtroppo sono certo che quegli individui sarebbero assolutamente contrari ad una tale utopica organizzazione sociale. Eppure ci sarebbero numerosi vantaggi, giusto per fare un esempio, la costruzione e/o la manutenzione delle infrastrutture sarebbe ben più rapida e rigorosa perché altrimenti ci sarebbe solo da perdere (tempo libero e materiali, nella migliore delle ipotesi) dilungandosi e non facendo le cose per bene (quindi dovendole rifare anzitempo). Non trascuriamo che ci sarebbe pure una riduzione degli incidenti in cantiere (imputabili a stanchezza, disattenzione, distrazione, negligenza o noncuranza) e dei decessi causati dal crollo di ponti, di edifici mal costruiti, ecc.. Per lavorare nessuno sarebbe costretto ad andare lontano (salvo sporadici indispensabili casi temporanei, da premiare con più tempo libero, per chi sarebbe maggiormente preparato rispetto agli altri per eseguire qualche compito specialistico). I vari lavori si potrebbero svolgere nei pressi o comunque non tanto lontani da casa. Minor inquinamento, meno incidenti in automobile, meno stress... e lascio a voi intuire tutti gli altri vantaggi. Il "lavoro nero" esisterebbe? Sparirebbe proprio il concetto di "lavoro nero". E quello illecito? E la corruzione? A ognuno spetterebbe tutto e solo quello che spetterebbe a chiunque altro, tutti i diritti, i doveri, i privilegi... sarebbero uguali per tutti. Nessuno avrebbe la tentazione di cercare un modo per guadagnare tanto e facilmente. Sparirebbero i truffatori, gli evasori, i contrabbandieri, i corrotti, ecc.. Tante professioni sparirebbero certamente e con ciò ci sarebbero più disoccupati? Tutt'altro, il "da fare" verrebbe ridistribuito tra tutti gl'individui e ciascuno lavorerebbe meno, quindi, come dicevo, potrebbe godere di più tempo libero. Si darebbe più valore a ogni cosa, tutto sarebbe di tutti. Ciascuno considererebbe anche sua ogni cosa e se fosse incapace di rispettare le cose degli altri in questo modo le rispetterebbe per forza. Chi danneggerebbe o avrebbe incuria delle proprie cose? Forse un matto, un folle, uno squilibrato, un demente, uno psicopatico, un dissennato, un pazzo! Sembrerebbe un'idea assurda ma in realtà potrebbe non esserlo, basterebbe volerla davvero tutti una società del genere, quindi ristrutturare l'organizzazione sociale abolendo tutto ciò che non servirebbe e modificando l'iter scolastico delle future generazioni di studenti. Più ore di studio, più teoria e soprattutto più pratica. È vero che i cervelli sono abbastanza diversi riguardo le attitudini e potenzialità ma dubito che chi "non è portato" per le materie scientifiche non riesca con un po' più d'impegno e di tempo ad apprendere tali discipline e lo stesso discorso vale per chi "è portato" per le materie umanistiche piuttosto che scientifiche. Non so a voi ma a me l'esperienza ha insegnato (tra le tante altre cose) che dipende soprattutto dal/dalla docente. Una determinata materia un anno mi era simpatica e la studiavo molto volentieri, tempo dopo non più perché era cambiato il docente (quindi il modo d'insegnare, d'interessare se non appassionare i propri studenti) e successivamente mi è tornato l'interesse perché cambiò di nuovo l'insegnante. Nel tempo si è modificato il mio cervello e quindi le mie capacità e le mie attitudini? Non credo proprio! C'è differenza d'istruzione (a volte troppa) tra classe e classe, tra scuola e scuola e, ancor più importante, tra nazione e nazione. Anche la preparazione, le competenze e capacità d'insegnamento dei professori e degli insegnanti sono differenti. Dovremmo livellare (magari a uno standard superiore) tutte queste differenze, non solo riguardo l'istruzione ma anche sulla Sanità, la Protezione Civile, la previdenza sociale, ecc.. In tutte le scuole e gl'istituti dovremmo studiare almeno tre lingue straniere. Servono più strutture e più professionisti (davvero tutti professionali) in tutto il mondo. Le zone poco vivibili, dov'è davvero complicato sopravvivere, trovare acqua e cibo, dovrebbero essere abbandonate. Nel resto del pianeta c'entrano tutti i sette miliardi e mezzo di persone (vittime del COVID-19 già escluse. R.I.P.). Tra le altre cose, siamo troppi ed è sicuramente deleterio. Non abbiamo ben chiaro il concetto di rispetto figuriamoci se lo applichiamo sempre, comunque, ovunque, con chiunque e con qualunque cosa. Dobbiamo cambiare e maturare! Riguardo Utopia v.2.0, potremmo considerare, come valido riferimento, gli amish (comunità religiosa nata in Svizzera nel Cinquecento e stabilitasi negli USA nel Settecento), i quali hanno principi, valori e stile di vita in buona parte oggettivamente migliori di chiunque altro, quindi dovremmo considerarli come esempio di vita, almeno su determinati aspetti indiscutibilmente preferibili. Esemplare è anche l'organizzazione sociale delle formiche e di altri insetti che, ovviamente, non cooperano per denaro. Certo che non hanno le innumerevoli "complicazioni" che abbiamo noi, la loro "società" è priva di tutto; hanno bisogno soltanto di cibo e di un riparo (il formicaio, l'alveare...). In ogni caso siamo gli unici esseri viventi ad aver "adottato" il denaro, come comoda sostituzione del baratto. Attualmente barattiamo prodotti e servizi in cambio di soldi. In Utopia 2.0 i prodotti e i servizi sarebbero offerti (gratis) a tutti da ognuno per dovere civile e morale ma anche perché opportuno ed essenziale. Qualcuno insinua che il Coronavirus, come altri microrganismi nocivi o letali (nonché i virus Sars, H1N1, ecc.), in realtà sia stato creato in laboratorio e poi diffuso per puro business. È una forma di guerra politico/economica? Potrebbe essere? Esistono esseri umani così diabolici? Sono esseri disumani? Dobbiamo smetterla con questi "meccanismi"! Virus creati ad hoc, armi di tutti i tipi (anche quelle chimiche o batteriologiche), ecc. che scaturiscono da interessi economici. Abolendo qualunque forma di pagamento sparirebbero una miriade di problemi. Quante risorse (vite umane incluse) vengono sprecate per arricchire chi ha già fin troppe ricchezze? Per risorse intendo: persone, aria, acqua, energia, materie prime, ecc.. Tranne il denaro che, insisto nel dire, non dovrebbe neppure esistere! Tutti i lavori pesanti e/o usuranti, come già accade in molte fabbriche, industrie, stabilimenti, cantieri, laboratori, ecc. potrebbero ovunque essere svolti da robot, automi, androidi, droni, ecc. donandoci la possibilità di goderci maggiormente il nostro tempo, dedicandolo alla famiglia, agli amici, agli sport, agli hobby, alla lettura, alle passioni, ai viaggi, ecc.. Ci si rende conto che la ricchezza provoca dipendenza e assuefazione? Più abbiamo, ancor più vogliamo, senza tregua perché man mano che aumenta ci sembra sempre meno di quello che potremmo avere. Per arrivare dove? Per realizzare cosa? Il denaro, considerando come funziona attualmente la società, ci dona comodità spesso superflue e molti (direi troppi) problemi (mi riferisco a quelli personali del tipo: furto, sequestro di persona, tasse, ecc.). Che fine fanno la serenità, la felicità... i nostri migliori anni, i momenti e le emozioni irripetibili che i nostri figli ci donano quotidianamente (e non tutti ne godono)? Se ogni persona avesse esattamente le stesse cose (beni e privilegi, diritti e doveri) di chiunque altro, ci sarebbero ancora i disonesti? Mi torna in mente il detto: "l'occasione rende l'uomo ladro". Chi l'ha inventata questa frase, un ladro? L'uomo ladro ruba alla prima occasione! Ho visto personalmente una persona umile (davvero povera ma onesta!) cecare il proprietario di un orologio perso (si era rotto il cinturino) che aveva trovato in spiaggia. Esempio di onestà! Ho notato anche che in alcuni Paesi molte persone sedute in autobus si offrono per mantenere (tenere sulle gambe) lo zaino o quant'altro di chi è rimasto in piedi. Credo che nessuna delle persone che conosco (me compreso) abbia mai fatto niente di simile. Cultura differente? Meglio la loro? Ulteriore esempio di vita! Certamente ho visto anche esempi da non emulare tipo l'abbandono di rifiuti, carte, plastiche, ecc. in posti impropri e persino in autobus.

È ammirevole la solidarietà e la cooperazione che si crea tra le Nazioni, tra i popoli e i singoli individui, quando c'è un problema comune, tipo l'epidemia da coronavirus (tanto per fare un esempio recente) che affligge tutto il mondo. Altrettanto lodevole è l'operato delle persone per affrontare, gestire e risolvere rapidamente certi problemoni (vedi ad esempio la costruzione da parte dei cinesi di nuove, immense strutture ospedaliere a tempo di record, sempre riguardo il coronavirus). Per business? Perché superpagati? No! Encomiabile anche l'efficienza e la rapidità del gruppo di ricerca italiano (dell'Istituto Nazionale Malattie Infettive "Lazzaro Spallanzani", a Roma) che tra i primi al mondo (ma non prima dei cinesi, dei francesi e degli australiani) hanno individuato il coronavirus (2019-nCoV) e ne hanno isolato l'RNA (tappa indispensabile per produrre il vaccino) scoprendo pure che proviene dai pipistrelli e, il virus, dopo aver fatto una mutazione della sua natura, ha fatto un salto di specie (spillover), infettando gli umani. I cinesi sono stati i primi in assoluto (ovviamente, perché la è iniziata la pandemia; forse!) ad isolare l'RNA del nuovo coronavirus (il coronavirus predecessore era quello della SARS). Potrebbe mai essere fondata l'antica ipotesi che loro hanno generato il virus e creato già il vaccino, tutto a scopo di lucro? Credo siano meschine, infondate insinuazioni. Spero che non esistano esseri umani così disumani e diabolici (almeno voglio vivere con questa illusione).

È necessaria qualche enorme e globale minaccia per renderci uniti? Non sappiamo esserlo sempre, comunque e ovunque (anche su Marte)?

Una mattina qualunque di un giorno qualsiasi di un luogo vivibile scelto a caso sul nostro pianeta, una persona si è svegliata, ha fatto colazione, grazie a una parte del cibo consegnatogli la sera prima presso la sua abitazione, ha utilizzato oculatamente, senza sprechi, le forniture di acqua, luce, gas, WiFi, ecc., gratuite per tutti, ed eseguite tutte le azioni solite di ogni mattina, è andato a lavorare seguendo le direttive (luogo, mansione e orari) prestabilite la settimana prima da un potente computer con un software altrettanto potente che sfruttano un database globale, consapevole, contento, felice e soddisfatto perché sa che sta contribuendo alla qualità della propria e dell'altrui esistenza, conscio pure del fatto che l'indomani (così come il giorno passato) non sarà necessario il suo impegno lavorativo e potrà sfruttare il suo preziosissimo tempo per le sue attività preferite, per andare a praticare il suo hobby (o sport) con la propria auto ecologica, versatile e capiente similmente a quella di chiunque altro. Il lavoro, agevolato da vari robot, automi, macchinari, droni, bracci meccanici, ecc., dei quali tutti contribuiscono alla progettazione, produzione e manutenzione, viene reso più sicuro, veloce e preciso. Utilizzando i rapidissimi, puntuali, sicuri ed efficienti mezzi pubblici, mantenuti da ognuno sempre "nuovi di zecca" e puliti, si trasferisce da luogo a luogo osservando compiaciuto il meraviglioso aspetto di tutto ciò che lo circonda istante dopo istante, niente traffico eccessivo, niente caos, ogni costruzione e infrastrutture molto diverse nello stile e nelle forme rese tondeggianti e fluidodinamiche, notevolmente semplificate rispetto ai tempi ormai remoti quando le condizioni climatiche ancora non si erano estremizzate, case e palazzi cilindrici, sferici, discoidali, ecc., antisismici e più idonei ai venti fortissimi che superavano molto frequentemente i cento e più chilometri orari; tutto perfettamente pulito e in ordine nel rispetto di tutti e per tutti; scuole, Università e ospedali ben distribuiti e assolutamente organizzati; il clima è tornato ad essere quello di secoli prima con venti ridimensionati alle decine di chilometri orari e gli uragani e le tempeste tropicali non si scatenano più in aree geografiche distanti dai tropici, oltretutto si è trovato il modo non solo di prevederli ma pure di placarli; i poli sono nuovamente estesamente e massicciamente ghiacciati; i livelli dei mari e degli oceani si sono abbassati e le zone costiere sono riemerse. Dopo un'impegnativa mattinata di lavoro va in mensa a mangiare e a socializzare (dal vivo) con gli atri lavoratori e le lavoratrici di turno, dopodiché torna a completare la sua giornata lavorativa. Terminato il suo compito torna a casa stanco ma col sorriso, a godere degli affetti familiari e degli agi della propria dimora, esattamente come ogni altro lavoratore (o lavoratrice). Giunge l'ora di andare a dormire e dopo una notte di riposante sonno si sveglia e si accorge di aver solo sognato quel mondo perfetto. :-(

Ingenuità! Occasioni offerte ai ladri!

AMICIZIA

Qual' è il significato della parola amico o del termine amicizia? Che differenza c'è tra un vero amico (autentico e fidato), un amico (per modo di dire), un conoscente e uno sconosciuto? Per semplicità continuerò a scrivere al maschile ma tutto dovrà essere considerato anche al femminile. Se uno sconosciuto ha un'attenzione speciale (da vero amico) nei nostri confronti, come lo consideriamo? Se un "vero amico" ci fa un torto da autentico nemico, come lo consideriamo? Sarà capitato a chiunque, almeno una volta nella vita, un torto dunque una immensa delusione da un "vero amico". Quanto ci ha fatto male (nel cuore, nella mente e nell'anima)? Molto più di un torto ricevuto da uno sconosciuto (almeno a me)! Mi torna in mente una frase che sentii dire: "cresci amici, cresci porci". Orribile! Mi cadono le braccia! C'è un amico che me le raccoglie? Sarà vero (non mi riferisco alle mie braccia)? Spero profondamente e intensamente che non sia così altrimenti altro che Utopia v.2.0, saremmo già all'inferno senza scampo! Se non fossimo in grado neppure di essere degli autentici buoni amici, non potremmo mai essere neppure soci o compagni di lavoro in una società tipo Utopia v.2.0. Saremmo davvero il tumore maligno di Gaia! Forse lo siamo davvero? Perciò la Terra sta cercando di eliminarci? Il clima è il "sistema immunitario" di Gaia? Oppure lo sono i virus? Dovrà ricominciare tutto da capo? Tornando all'amicizia, abbiamo mai chiesto scusa ad un amico per il torto inflittogli? Ci siamo almeno resi conto di quello che abbiamo fatto o detto? Impariamo innanzitutto ad essere dei buoni amici (leali, fedeli, presenti, disponibili, ecc.) prima di aspettarci atteggiamenti e comportamenti amichevoli dagli altri. Come dite? Solo i cani ci riescono? Allora cerchiamo d'imparare da loro! E poi... la vogliamo smettere con i preconcetti? Tutto il mondo è paese! Ci sono individui di tutti i tipi ovunque. Non esiste luogo privo di cattive persone come non esiste luogo privo d'individui esemplari. Chi si ritiene superiore a qualcun altro che QI (quoziente intellettivo) ha? Che cultura ha? Che capacità ha? Ha valutato il QI, la cultura e le capacità della persona ritenuta inferiore? Tutti abbiamo dei pregi e dei difetti, dei talenti, delle capacità, dei limiti, delle preoccupazioni e dei timori, dei sentimenti e dei rancori, dei sogni e delle ambizioni, ecc., c'è chi ha avuto un tipo di educazione e chi un'altra, chi ha determinate abitudini e chi altre, chi ha degli usi e costumi e chi altri, chi ha certi atteggiamenti e comportamenti e chi altri (pur essendo nati e vivendo nella stessa regione, nella stessa città, nella stessa località, nella stessa zona, nello stesso quartiere... o nella stessa palazzina), tutti aspetti che ci distinguono e ci caratterizzano. Il "look" (colori della pelle, dei capelli e degli occhi nonché statura, peso e proporzioni) è un dettaglio insignificante che solo gli individui puerili valutano e considerano. L'amicizia (e tutto il resto) può esserci a prescindere dall'"involucro", dalla "materia grigia" (da ciò che vi è "immagazinato") e dal carattere.

Tanto per ridere un po'... Presuntuoso?! Allora giusto per sorridere:

a. Cos'è il denaro?

b. Una malattia!

a. E il potere?

b. Pure, ma l'uno non e detto che coesista con l'altro! Vedi Gesù!

a. Allora se mi appiccico addosso a chi è ricco vengo contagiato e divento ricco anch'io?

b. No, perché non è infettiva! Di questi tempi però potresti beccarti il coronavirus!

a. E con il potere funziona?

b. No, anche il potere non è infettivo e se ti appiccichi addosso a chi lo ha finisci male, in prigione o peggio! Non mi riferisco al contagio del coronavirus!

a. Cosa sono i soldi?

b. Un vizio!

a. E cosa sono le banconote?

b. Una comodità!

a. E le monete?

b. Sono una sfiga!

a. Perché?

b. Perché valgono poco e pesano troppo!

a. E la carta di credito o debito?

b. Una fregatura!

a. Perché?

b. Perché spendi anche se non la usi!

a. E se la usi?

b. Spendi di più che avendo i contanti! Partita IVA: un'altra fregatura!

a. Dov'è andata? Doveva pagare?

b. Chi?

a. Iva!

b. Scemo, l'IVA non è una donna che è partita senza pagare! Tutt'altro... è una "mangia soldi" sempre presente... e cresce pure!

a. Dunque è un'adolescente?

b. È una tassa!

a. Aaah è la femmina del tasso!

b. Sì sì, va bè... è come dici tu!

a. Scherzavo! La povertà cos'è?

b. Quella vera è quando non si ha neppure da mangiare e da bere!

a. Chi è davvero povero?

b. Quei popoli che affermano di essere i più felici del mondo!

a. Chi è il più ricco?

b. Chi si gode totalmente il proprio tempo! Ragiona: il più fornito di possedimenti del mondo trasforma ogni suo minuto in tantissimo denaro, chiunque altro che non riesca a trasformare il proprio tempo nello stesso quantitativo di soldi, sta sprecando il suo preziosissimo tempo. La quotazione in borsa del tempo non c'è ma vale molto più di qualunque altro "bene". Direi che in realtà il tempo non ha prezzo! Chi può comprare del tempo? Si potrebbe pagare del tempo di qualcun altro che è disposto a svenderlo sotto forma di lavoro o servizi però non si può mai aggiungerlo al proprio.

a. Sai chi è davvero potente?

b. Certo: il Papa, il Re e chi non ha niente! Aggiungerei chi è deficiente... solo di mente... ancor più se mente!

a. Preferiresti avere mille milioni di miliardi o un miliardo di miliardi?

b. Sono esattamente la stessa cifra: 10 elevato a 18, miliardi. Non vorrei mai e poi mai avere tutti quei soldi, Immagini quante preoccupazioni avrei?! Sarebbe la fine della mia serenità!

a. Certo! Io preferisco un bigliardo... e t'invito a giocare! :-)

b. Volentieri! :-)

a. È vero che l'occasione rende l'uomo ladro?

b. No! L'uomo ladro ruba alla prima occasione! Direi piuttosto: "l'occasione rende le persone polemiche", oppure "dammi l'occasione e un appoggio e ti solleverò le polemiche", o cose del genere...

a. Mai sentiti questi detti ma concordo! Perché ricoprono esternamente di gomma l'involucro di plastica di tanti oggetti? Per renderli più eleganti?

b. No! È una subdola strategia di obsolescenza programmata per gli ingenui! La gomma si deteriora facilmente rendendo brutto l'oggetto gommato che viene sostituito anzitempo quindi danneggiando tutto e tutti tranne il conto in banca dei "furbi"! Poi si lamentano della plastica in mare... e di tutto il resto!

a. Perché coloriamo ogni cosa? Per contribuire al riscaldamento globale?

b. Ingenuamente facendolo contribuiamo al riscaldamento globale ma lo facciamo per accontentare le donne!

a. Qual' è il tuo tipo ideale di donna?

b. Ho avuto svariate donne tutte differenti, di varie età, statura, corporatura, razza, caratteristiche somatiche, livello socio/culturale ecc. quindi direi che non ho un tipo ideale.

a. Avevano almeno un aspetto in comune?

b. Beh, erano tutte ninfomani, tranne mia moglie!

a. ahahahahah...

b. Non c'è niente da ridere! Quel tipo di donne inizialmente sono molto gradevoli ma poi... diventi schiavo della loro... turbe! Il giusto, come in tutte le cose, sta nel mezzo!

a. In quale mezzo?

b. In nessun mezzo ma in mezzo... al centro!

a. Al centro?

b. Tra il troppo e il poco! Cosa avevi capito?

a. Avevo capito... tutt'altro centro! Di che nazionalità è tua moglie?

b. La mia!

a. Quindi: "Moglie e buoi dei paesi tuoi"?

b. In linea generale: "moglie e buoi dei tuoi Paesi... preferiti"!

a. C'è il Generale in linea? Quale Generale?

b. Intendo dire: in linea di massima o per grandi linee...

a. Linee grandi quanto? Chi è Massima? Strano nome! conosco molti Massimo ma nessuna Massima...

b. Ci sei o ci fai?

a. Ci faccio, ci faccio! tranquillo!

b. Ok! Come la vedi sulla donazione di sangue e organi? Positivamente?

a. Io SI ERO POSITIVO, ora sono NEGATIVO... ai test: Clamidia, Pidocchio del pube, Scabbia, Gonorrea, Epatite A, Epatite B, Epatite C, Herpes, HSV-2, HIV o AIDS o SIDA, HPV, Infezione da Mycoplasma hominis, Sifilide, Tricomoniasi, Infezione da ureaplasma, Amebiasi, Criptosporidiosi, Giardiasi, shighellosi o dissenteria bacillare... Dunque sono donatore da molti anni.

b. heheheh... Ottimo! Anch'io sono perfettamente sano e donatore sia di sangue che di organi! Oltretutto donando il sangue mi fanno anche le analisi e posso controllare la mia salute.

a. Sei tatuato?

b. Ho già i miei nei (nevi) e le mie macchie... perché aggiungerne altre?

a. Forse perché tanta gente lo fa?

b. Non faccio parte di loro. Ho il mio carattere! Resto come mamma e papà mi hanno fatto!

a. Hai piercing?

b. No! Gli orecchini donano femminilità e i buchi naturali che ho adempiono a tutte le funzioni normali, naturali e necessarie!

a. Ti do ragione, oltretutto il donatore perfetto, tra le altre cose, non ha piercing né tatuaggi, non beve (alcolici), non fuma e, ovviamente, non si droga!

b. Chi non è donatore, semmai un giorno dovesse aver bisogno di sangue o di un trapianto, avrebbe vergogna di approfittare di una donazione?

a. Spero di sì e che subito dopo cominci a donare... se idoneo!

b. A proposito... non riesco a ricordare come viene chiamato il foglietto illustrativo dei medicinali...

a. Bugiardino!

b. Bugiardino io?

a. No, il foglietto illustrativo si chiama bugiardino!

b. Ah beh perché io non mento mai... dai, quasi mai. Secondo te il bugiardino dice la verità?

a. hahaha... Spiritoso!

b. Io spiritoso?! No! Sono astemio! :-)

a. hehehe... Questa è una tua rarissima, quasi unica bugia?

b. No! Ad essere più precisi, solo brindisi!

a. :-) Humm... Sicuro che non bari? Io invece "Bar Letta"!

b. Hahahah... Certo, io non baro! Vuoi dire che vai a letto dopo essere stato al bar a bere (alcolici)?

a. No, no! Vicino casa mia c'è il bar "Letta" dove vado a bere il caffè ogni tanto!

b. :-)

a. A proposito di città... hai saputo di quel tizio che ha affermato per iscritto: "meglio beccarsi il coronaVirus che essere napoletani, che sia chiaro"?

b. Si, deplorevole e ripugnante! Pensa se disprezza anche i cani e un giorno rinascerà mastino napoletano... sarebbe "razzista" o "classista" nei confronti di chi?!

a. Sarebbe il primo cane ad essere classista o razzista. Da Guinnes dei primati... forse già lo è! Ora devo proprio andare...

b. È un primato... direi intellettivamente ben inferiore rispetto agli atri primati (le scimmie) e non è di certo un cane, e neppure una scimmia, sarebbe un disonore per loro!

a. Certo! Vado...

b. Ok, ti saluto e ti ricordo un proverbio latino: "verba volant, scripta manent"!

a. E i pensieri?

b. Se restano tali, neppure decollano!

a. E i fatti?

b. Atterrano!

a. Allora speriamo siano "atterraggi morbidi"! Ciao!

b. E già, altrimenti sotterrano! Ciao!

Humm! mi sa che più che aver fatto sorridere ho fatto dispiacere, piangere, arrabbiare... e svegliare... col caffè del bar "Letta"! :-)

INVITO AD APPROFONDIRE E A RAGIONARE SU:

- tumori e cancro;

- ictus;

- infarto;

- trapianto di cuore.

Cosa siano gli appena citati problemi di salute lo sappiamo già ma li abbiamo sempre avuti? Con l'aumento delle attività agricole e la diminuzione della caccia e del conseguente consumo di carne, avvenuti millenni fa, oltre alla diminuzione della statura media umana, comprovatamente attribuita al ridotto consumo di proteine di origine animale, c'era anche un ridotto rischio di tumori (e cancro), d'infarti, di ictus (e aneurisma), dunque non erano necessari neppure i trapianti, che in ogni caso non esistevano nemmeno. Con gli allevamenti intensivi dei nostri tempi, resi possibili anche dall'uso di additivi ormonali, oltre all'aumento continuo (e inarrestabile finché si adopereranno gli ormoni nell'alimentazione deli animali che poi diventano il nostro cibo) della statura media umana, c'è anche un considerevole aumento di persone che accusano le dette patologie. Gli ormoni possono causare dei problemi seri di salute, ma anche l'eccessivo consumo o abuso di carne e di alimenti di origine animale, che avendo i grassi (colesterolo e trigliceridi), ostruiscono gradualmente i vasi sanguigni fino a provocare un infarto o un ictus. Studi, non recentissimi, hanno convalidato la tesi che il consumo eccessivo di cibi di origine animale provoca o favorisce pure l'insorgere di tumori. Dunque, dobbiamo preferire un più frequente consumo di pesce, in alternativa alla carne però stando attenti a rispettare le specie a rischio di estinzione. Mi sono sempre chiesto come mai tanti giovani orientali nati o cresciuti in occidente siano molto alti (almeno 180 cm), mentre i loro parenti orientali sono ben meno alti (sotto i 170 cm). Differente forza gravitazionale?! Nooo! In occidente giocano a basket o pallavolo? No! Mangiano molta più carne (farcita di ormoni) e molto meno pesce rispetto ai loro cugini che vivono in Asia i quali hanno abitudini alimentari differenti su molteplici aspetti. La fauna ittica, se non di allevamento intensivo in vasche o laghi artificiali, non contiene ormoni, semmai mercurio e plastica! Per colpa di chi?!

Bere un bicchiere di buon vino (magari italiano) a cena, tutti i giorni, aiuta a star meglio in salute e a vivere più a lungo. Alimentarsi in maniera sana, varia, completa ed equilibrata, e non conducendo una vita sedentaria, praticando dello sport concordemente alla propria età, forma fisica e stato di salute, migliora la vita qualitativamente e quantitativamente. Se ci limitiamo a vivere lo sport guardandolo in TV e "scassandoci" con cibo, bevande, fumando... poi non lamentiamoci quando arriverà il giorno in cui soffriremo moribondi col cancro, con un infarto, con un ictus o necessiteremo di un trapianto che forse non otterremo mai!

Vi sembra la solita retorica? Sarà retorico ma ricordare certi sacrosanti consigli dei medici e dietologi, credo che non faccia male a nessuno... anzi!

CONCLUSIONE

Questo testo lo avrei distribuito volentieri gratuitamente in accordo con i miei principi, sogni, desideri, e con la mia visione simbiotica (quanto utopica, purtroppo, per colpa della errata mentalità diffusasi da tempo immemore) della convivenza, ma in una società basata sull'economia e non sulla cooperazione non lucrativa dettata esclusivamente dal dovere morale, civile e dalle necessità collettive e non, servono i soldi per comprare il cibo, per pagare le tasse e le spese, per mantenere dignitosamente la famiglia, perciò gli ho assegnato un prezzo medio basandomi su ciò che ho visto in giro. Se lo avessi messo a disposizione di tutti gratuitamente, le persone non gli avrebbero dato valore, perché erroneamente è opinione diffusa che ciò che costa poco vale poco (infatti c'è il detto: "quanto spendi tanto appendi"). Non sempre è così! Paghiamo l'aria che respiriamo? Eppure ha importanza vitale! Paghiamo una gentilezza offertaci? Anche quella vale tantissimo! La nostra stupidità è complice e fautrice principale del peggioramento della qualità dell'aria, quindi della sua graduale irrespirabilità. Riguardo ai prezzi, quante volte le cose di pessima qualità costano molto più di quanto dovrebbero? La gente vedendo il prezzo elevato s'illude che siano migliori di altre più economiche? Bisogna prima valutare la qualità (come e con quali materiali sono realizzate) e poi il prezzo, che sia adeguato. Produrre e commercializzare cose qualitativamente scadenti, che durano poco, è una pratica scaldapianeta, dunque è un mal utilizzo di risorse (giusto per non dire uno spreco). Comprare (o vendere) prodotti scadenti significa promuovere attività insane. A buon intenditor...

Lo scopo di questo libro non era quello di allietare con una lettura avvincente, appassionante o con gran valore letterario ma quello di dirottare i pensieri su problemi, dilemmi e concetti troppo spesso trascurati e soprattutto quello di risvegliare degli interessi assopiti, suscitando nei lettori la curiosità e il desiderio di approfondire e cercare risposte e soluzioni. Ho pure tentato indirettamente di far appassionare i più giovani su argomenti di gran valore civile, etico, morale, sociale, ecologico e scientifico, fornendo una sufficiente dose d'informazioni su svariati argomenti (aggiungendo talvolta un po' d'ironia) e dando spunti per seguire un percorso di crescita intellettiva, culturale e, perché no, spirituale. Deve essere considerato come una radice o un seme; far crescere l'albero spetta ai lettori. Spero di essere stato abbastanza conciso e non noioso. Attenzione, questo libro l'ho intitolato "#stuzzicamenti... xké?" e non "#suscitapolemiche!" o qualcosa di simile. Questo testo non fornisce risposte (infatti, se a qualcuno dovesse essere sfuggito questo particolare, evidenzio che ci sono quasi esclusivamente domande), non ho alcuna presunzione in tal senso, ho sentito la necessità di portare all'attenzione (o ricordare) argomenti e quesiti rilevanti in modo da stimolare (stuzzicare) gli intelletti (le menti) per indurli, come detto pocanzi e ribadisco, a cercare risposte, soluzioni e a chiedersi sempre il perché ("xké?"). Se siete convinti di aver trovato delle "risposte tra le righe" o delle "informazioni nascoste", vi ricordo che l'occhio di chi guarda (o legge) vede ciò che vuole, in accordo col proprio cervello, carattere, cultura e bagaglio di esperienze. Non ho la benché minima intenzione di polemizzare, sollevare polemiche o perdere tempo con eventuali altrui polemiche. Cortesemente, astenetevi! Sono una infruttuosa perdita di tempo. Piuttosto distogliete la vostra attenzione dalle futilità (spesso imposte subdolamente) per rivolgerla a qualcosa di effettivamente utile e costruttivo.

Leggete di più in maniera critica i libri. Non vi piacciono il libri di carta? Preferite quelli in formato digitale da leggere sul tablet e suoi "parenti"? Meglio ancora, così c'è meno produzione di carta, con tutti i vantaggi correlati... Si trovano sempre più testi in formato digitale da poter acquistare e leggere. Cercateli, internet serve anche per quello. Sfruttate i motori di ricerca per attingere alle informazioni rese disponibili in rete. Imparate ad analizzarle criticamente e "filtrarle". Non tutto è verità! Molto (troppo) è stato realizzato esclusivamente a scopo di lucro e non per fornire un utile servizio e/o informazioni realistiche. Peccato! Certi individui fanno solo perdere tempo e creano confusione e disinformazione, tutto per riempirsi il portafogli (il più delle volte neppure ci riescono) e/o per soddisfare degli egoistici, infantili "bisogni". Raramente lo fanno per ingenuità o perché sono deficienti. Vi auguro buona ricerca e approfondimenti!

Tutte le immagini, nonché quelle di copertina, sono mie creazioni, ovviamente di mia proprietà. È vietata la copia e la diffusione anche se non a scopo di lucro. Tutti i diritti sono riservati.

Avete osservato attentamente e dato una vostra interpretazione all'immagine di copertina e soprattutto a quella sul retro di questo libro? V'invito ad osservarle con attenzione, analizzarle, comprenderle e, di quella sul retro (sulla "quarta di copertina"), farne principi di vita!

Grazie!

RIGUARDO ME

Nelle mie vene (e arterie) scorre sangue rosso, il mio cuore è indistinguibile dagli altri cuori umani, nel mio cranio c'è un cervello (materia grigia) con due emisferi equivalentemente a tutte le altre persone, per "fortuna" (o grazie a Dio, se preferite) ho due braccia, due mani con dieci dita ciascuna, due occhi, due orecchie, una bocca, un naso, ecc., tutto, compresi i limiti e le potenzialità, similmente a qualunque altro individuo umano che goda d'integrità. Superfluo evidenziare la mia storia, i miei risultati, i successi e i fallimenti e quant'altro di personale e inutile per l'altrui esistenza, crescita intellettiva e spirituale. Piuttosto concentriamoci tutti su noi stessi innanzitutto, cercando di migliorarci nei principi, nei valori e nello "spirito" (non nell'alcol), nei pensieri, nei ragionamenti, nelle azioni (non quelle finanziarie) e reazioni, di crescere, di perfezionarci, di armonizzarci simbioticamente con tutto il resto. In qualità di esseri maggiormente elevati, tutti insieme potremo migliorare il mondo intero, o no?!

Vi aspettavate che mi sarei egocentricamente descritto e/o avrei raccontato la mia vita e la mia storia? Hehehe… xké?

Servono a qualcosa (spero) solo i "messaggi" nel contenuto e "tra le righe" del libro. Non aggiungo altro.

INDICE

www.ingramcontent.com/pod-product-compliance
Lightning Source LLC
Chambersburg PA
CBHW071429180526
45170CB00001B/278

* 9 7 8 0 2 4 4 5 7 5 6 1 8 *